SiC 材料表面处理

——飞秒激光微纳制备及其瞬态物理过程

和万霖　著

中国石化出版社

内 容 提 要

针对当前飞秒激光微加工的热点问题，本书主要介绍了飞秒激光在半导体材料表面快速、高效制备高精度、高质量表面周期微纳米结构的方法，通过泵浦–探测技术和飞秒激光多维光场的精准操控，在 SiC 材料表面制备了高质量的微纳米颗粒结构、光栅状表面周期条纹结构和二维"微岛"阵列结构，系统探究了光场操控对材料界面微纳米结构的调控机制；分析并讨论了表面等离激元与瞬态折射率光栅超表面在激光诱导表面周期结构形成过程中的重要作用，基于飞秒激光多光束泵浦–探测技术，获得了超强飞秒激光脉冲辐照半导体材料表面瞬态物理过程随时间的演化图景。

本书可供从事与光学学科相关，尤其是从事激光微纳制备研究工作的师生及科研人员学习和参考。

图书在版编目（CIP）数据

SiC 材料表面处理：飞秒激光微纳制备及其瞬态物理过程／和万霖著. —北京：中国石化出版社，2020.4
ISBN 978 – 7 – 5114 – 5706 – 6

Ⅰ.① S… Ⅱ.① 和… Ⅲ.① 纳米技术 – 应用 – 金属表面处理 – 研究 Ⅳ.① TG17

中国版本图书馆 CIP 数据核字（2020）第 041153 号

中国石化出版社出版发行
地址:北京市东城区安定门外大街58号
邮编:100011   电话:(010)57512500
发行部电话:(010)57512575
http://www.sinopec-press.com
E-mail:press@sinopec.com
北京富泰印刷有限责任公司印刷
全国各地新华书店经销
*
710 × 1000 毫米 16 开本 10 印张 202 千字
2020 年 4 月第 1 版　2020 年 4 月第 1 次印刷
定价:59.00 元

Preface 前言

　　激光是一种特殊形态的光，被称为是 20 世纪改变了人类生活方式的最伟大的四大发明之一。激光技术的出现是人类历史上的一个革命性技术，开启了人类创造光、利用光的新纪元。飞秒激光因具有高方向性、高亮度、高相干性、高单色性等优点，广泛应用于材料加工、信息产业、国防安全等领域，并为光与物质相互作用提供了全新的手段。

　　自然界生物表面的特殊功能性微结构给了人们很大的启示，利用飞秒激光可以在金属、半导体以及聚合物等材料表面制备出各种不同类型的微纳米结构，从而实现对材料界面的改性。功能性亚波长微纳结构界面可以实现对材料表面光学性质的调控，在微纳米光电子器件、自清洁、节能环保、生物医学领域具有重要应用价值。近些年由于飞秒激光微加工技术的日益成熟，极大地促进了微纳光学和光电子学的发展，并取得了大量可观的研究成果，例如在实验上已经将微结构的尺度做到了纳米量级，理论上发现在材料表面微纳结构加工的过程中会产生奇异的光学现象等。本书正是在这一背景下，基于飞秒激光多维光场精准操控技术，研究了半导体材料表面的飞秒激光微纳结构的可控制备和强激光与材料相互作用的瞬态物理过程，旨在探索如何在材料表面实现具有功能性新型微纳米结构界面的快速、高效、可控制备的新途径，从而为新型光电子器件的制备提供新的方法。

本书系统探究了半导体材料 SiC 晶体表面飞秒激光微纳结构制备及激光辐照 SiC 材料界面超快动力学过程，介绍了飞秒激光高精度光场操控技术对特定功能界面微结构的高效调控机理，这对快速、高效制备具有功能性微纳米光电子学器件具有重要价值。

本书获西安石油大学优秀学术著作出版基金、国家自然科学基金项目(11847138)、陕西省自然科学基础研究计划项目(2019JQ - 813)资助出版，在此表示感谢。

此外，本书在撰写过程中得到了西安石油大学理学院领导、老师和家人的支持和帮助，在此谨向他们表示最诚挚的谢意。由于编者水平有限，书中难免会有疏漏和不足之处，恳请广大读者提出宝贵意见和建议。

Contents 目 录

第 1 章

绪　论

科技创新是提高社会生产力和综合国力的战略支撑，是推动整个人类社会向前进步的重要力量。纵观人类文明发展史，技术的发展往往会促进社会生产力的极大提高，对人类社会的进步起巨大的推动作用。产生于 20 世纪 60 年代的激光技术在人类科学技术史上无疑是一种革命性的技术。激光的出现极大地拓展了人们对光的认识边界，并因此发现了许多奇妙的光学现象。在物理学上，激光的出现又通常被视为现代光学的起点，作为一种革命性的技术，激光技术的发展也促使古老的光学重新焕发生机，使光学学科成为自然科学中最活跃的研究领域之一。就其技术性来讲，激光技术本身就处在不断发展的过程之中，脉宽时间尺度从刚开始的纳秒，到后来的皮秒，再到现在成熟的飞秒脉冲激光，相信在不久的将来阿秒激光将真正实现商业化；从运行方式来看，由连续激光拓展到了脉冲激光，工作波长也从红外延伸到紫外波段。其次，激光作为一种重要的科学研究工具或手段，已经在探索自然界奥妙的过程中取得了丰硕成果，有效促进了人们对光与物质相互作用原理和过程的深入理解。光与物质相互作用是运用光作为技术手段去探测自然界物质形态的变化，从而揭示其中的物理规律的过程。在光学领域，由于激光具有其独特优势，激光与物质相互作用，一直是近几十年来科研工作者的研究重点，也是人们探索物质光电特性的有效途径之一。

1.1 引言

　　自然界天然是一个值得人们学习的巨大宝库，科学技术的创新与发明大多得益于一些自然现象的启发。尤其是在自然界中动植物所表现出的独特功能和神奇能力为技术的创新带来了最直接的灵感，启迪着人类的思维。例如，北宋理学家周敦颐在其散文《爱莲说》中就写到，"予独爱莲之出淤泥而不染，濯清涟而不妖"的诗句。荷叶能够做到"出淤泥而不染"，始终保持自己的洁净，是因为其叶片表面结构由特殊组织构成。在高倍显微镜下观察，发现其表面实际上是由大量凸起的球状微纳米颗粒所组成，从而构成了一个具有超疏水性能的表面，因此当水滴落在荷叶上时会被弹起来，而不是粘在其表面，故保持了自身的清洁。同理，水黾能够栖息水面上而不下沉，是由于其足表面也是由大量的微纳米结构所组成。另外，人们通过研究发现，蝴蝶翅膀上令人眼花缭乱的颜色实际上属于结构色，它是由大量"光子晶体"结构所构成。通过对这些微纳米结构的研究，人们试图运用各种材料来制备微型结构或器件，并且已发展成为多个学科领域内的一个重要研究方向。目前，微纳米结构的制作存在多种方法，如电子束刻蚀技术、聚焦离子束刻蚀技术、扫描探针显微镜刻蚀技术、沉积技术、光刻技术、自组装技术和纳米压印技术等。光刻技术是应用比较广泛的制作微观图案的技术，它可以使超大规模集成电路中单个电子元器件的尺寸不断缩小，甚至到纳米量级，在微电子工业的发展中起到了重要的作用。

　　利用激光可以在材料表面诱导产生各种类型微纳米量级的表面结构，是激光与物质相互作用领域一个非常有趣的研究课题。大量的实验结果表明，激光辐照材料表面可以诱导产生多个空间维度的微纳米结构，其中亚波长和深亚波长的周期性表面条纹结构就是其中最具代表性的一种组织表面结构。尽管国内外学者已经提出了许多理论或模型来解释其中的物理现象，但是目前还是没有形成统一的共识。另外，一些新的试验现象也在不断地被报道出现。众所周知，激光诱导微纳米结构的产生实际上是一个非常复杂的物理过程，它涉及光子能量的吸收、载流子的产生和弛豫、等离子体的产生、物质形态的变化等几乎包括光与物质相互作用的全部过程。上述物理过程又往往发生在极短的时间内（纳秒或皮秒），因此利用激光诱导表面结构可以深入研究光与物质相互作用的超快动力学过程。飞秒激光凭借其优异的特性，在材料表面微纳米结构的制备和光与物质相互作用超快动力学过程的研究中始终占据着中枢的角色和地位。

由此可以看出，不论在实验上还是在理论上，飞秒激光诱导表面周期结构仍然有待进一步的深入研究，在此背景下，本书正是围绕这两个主题开展工作。首先，采用单束和多束飞秒激光脉冲序列，在不同时间延时和不同线偏振方向的情况下，对周期性表面微纳米结构的产生进行了深入研究；其次，在理论上借助飞秒激光与材料相互作用的超快动力学过程对观察到的实验现象进行了解释。本书所研究的课题紧跟前沿方向，所得成果对深入理解飞秒激光与物质相互作用的物理机制和具有功能性光电子器件的研制具有一定的现实指导意义。

1.2 飞秒激光微加工

1.2.1 飞秒激光发展史

物理学的发展及其带来的全新技术变革往往可以从根本上改变人类的生产和生活方式，激光的发明无疑是 20 世纪人类发展史上的一个重大发现。激光最初的中文名称叫作"镭射"或"莱塞"，它是英文单词 LASER 的音译，取自于英文 Light Amplification by Stimulated Emission Radiation 每个单词的第一个字母组成的缩写词，其意思是"受激光放大"。激光是在粒子数反转情况下通过受激辐射放大产生的高亮度相干光束，其原理早在 1916 年就由著名物理学家爱因斯坦提出，但是直到 1960 年世界第一台红宝石激光器由美国科学家梅曼首次研制成功，量子光学才由理论研究发展到工程技术。激光的出现使得传统光学获得了新生的力量，极大地推动了科学和社会的进步。

作为 20 世纪人类最伟大的发明之一，激光器的发展已经走过了 50 多年，随着技术的不断进步，激光的工作波长从红外一直延伸到紫外，同时，激光脉冲宽度不断被压缩，峰值功率大幅提高，可调性和稳定性等优势逐渐凸显。20世纪 60 年代中后期，各种锁模理论初步建立，各种锁模技术经过试验初步探索，获得了脉宽为 $10^{-10} \sim 10^{-9}$s 的激光脉冲，属于超短脉冲激光的初始研究阶段。1963 年美国科学家 Snitzer 和 Koester 首次提出光纤激光器和放大器的构想。1965 年被动锁模的红宝石皮秒激光器问世。20 世纪 70 年代，各种锁模技术和理论逐渐成熟，如主动锁模、被动锁模、同步泵浦锁模等，并在物理等多个研究领域开展了皮秒量级激光脉冲的应用探索。80 年代，美国贝尔实验室（Bell laboratory)的 R. L. Fork 等研究人员采用被动锁模技术在环形染料激光器中将激光脉冲宽度压缩到 10^{-15} s 量级。20 世纪 80 年代后期，随着以钛宝石为代表的一批优质激光晶体的制备及各种锁模技术的发展，固体激光器技术获得了极大的发展。1981 年，美国贝尔实验室的 Fork 等人首次利用碰撞锁模技术，在环形染料激光器中获得脉宽为 90fs 的超短激光脉冲。就基本原理而言，碰撞锁模技术仍属于被动锁模范畴，在锁模方式和机理上没取得根本意义上的突破。但是由于脉冲碰撞效应，激光脉冲能够运转在飞秒量级，由此开辟了一个崭新的超快激光科学与技术研究领域。20 世纪 90 年代后，超短脉冲激光技术真正进入到飞秒时代。90 年代初，英国的科研人员利用非线性克尔透镜锁模技术，研制出了自锁模钛宝石激光器，再次将激光脉宽压缩到了 60fs。以掺钛蓝宝石为代表的新一代飞秒激光器，输出光脉冲的持续时间最短可至 5fs，激光中心波长位于近红外波段，特别是借助于啁啾脉冲放大技术，单个脉冲能量从几个纳焦耳就可放大至几百毫焦耳，甚至焦耳量级，此时脉冲的峰值功率可达 GW(10^9W)或 TW(10^{12}W)，再经过聚焦后的功率密度为 $10^{15} \sim 10^{18}$ W/cm^2，甚至更高。2003 年 Schenkel 等使用氩气填充的中空光纤进行展宽光谱，利用相位补偿技术，将钛宝石飞秒激光器出射的 25fs 激光脉冲成功压缩到了 3.8fs。随后，除了钛宝石晶体，各种新型的固体激光材料也被研制出来。近年来德国马普量子光学研究所的科学家在实验室成功研制了世界最快的阿秒量级光脉冲，其闪光时间仅为 80as(attosecond，阿秒，$1as = 10^{-18}$s)，可被用于捕捉激光脉冲的影像及观察较大原子周围的电子运动。同时，由于啁啾脉冲放大技术(Chirped Pulse Amplification，CPA)的发现，飞秒激光输出的单脉冲能量可以达到毫焦量级。正是得益于激光技术的蓬勃发展，光与物质相互作用物理机制的研究才会更加深入。激光作为全新光源，具有方单色性好、高亮度、高相干性等优点，已经在信息产业、医疗卫生、军事国防等邻域中获得了广泛的应用。科学家预测，飞秒激光将为下个世纪新能源的产生发挥重要作用。

1.2.2　飞秒激光加工机理

激光微加工被誉为未来最有前途的加工手段，在国际上，美国、欧洲、日本在飞秒激光微加工领域一直处于领先地位。我国的激光微加工技术大多集中在高校和科研院所，整体加工技术比较薄弱。飞秒激光与材料相互作用是光与物质相互作用的一种基本形式，该过程往往涉及高强度激光与材料作用的超快物理过程。具有如此极高峰值功率和极短持续时间的光脉冲与物质相互作用时，能够在极短的时间内将全部能量注入很小的作用区域，极短的时间内高能量光子流密度沉积在材料表面将会使电子的吸收和运动方式发生变化。由于飞秒激光的脉冲宽度极短、峰值功率极高，可以为科学研究提供极高的时间分辨率、高压强、高温度、高电场、高磁场等极端物理条件。当飞秒激光脉冲作用于材料上时，材料表面作用区域内的电子通过非线性光学吸收到达激发态，同时伴随着温度的急剧上升，在极短的时间超过材料的熔化甚至气化温度，从而产生高度电离和高温、高压的等离子体喷射，最终导致材料表面质量的迁移。因为飞秒激光的脉冲持续时间在 10^{-15} s 量级，而材料中电子激发到热弛豫的时间在皮秒乃至纳秒量级，因此在飞秒激光作用期间，材料中的电子热量来不及向周围扩散，所以从根本上减弱和避免了热扩散的发生和影响，因此飞秒激光微加工又被叫作"冷"加工。另一方面，飞秒激光脉冲峰值功率极高，经聚焦后的能量密度大于 10^{15} W/cm^2，它所产生的电场强度可与原子内部的库伦束缚场相比拟。此时，电子受到激发的动力学过程已不能用传统线性共振吸收得到解释，而原子的非线性特征将显得更加重要。2003 年 Rizvi N H 等人总结了飞秒激光对金属、玻璃、金刚石、陶瓷以及各种聚合物等材料的微加工进展情况，并论证了飞秒激光就是一种优秀的微加工光源。综合来讲，激光对任何材料加工的效果通常表现为材料结构得到一定的修复、调整或去除，这一过程起始于一定能量激光脉冲向材料内的沉积，光能沉积的方式包括能量的时间、空间分布，其中能量将决定最终的加工结果。

1.2.3 飞秒激光加工特点

微细加工(micro-fabrication)起源于半导体制造工艺，是指加工尺度在微米级范围的加工方式，在微机械研究领域中，它是微米级、亚微米级乃至纳米级微细加工的统称。激光加工区别于传统的激光焊接、切割、打孔、表面改性等，包含范围非常广。其优异的性能，在根本上改变了光与物质相互作用机制，使飞秒激光加工成为具有超高精度、超高空间分辨率的非热熔处理过程，开创了激光加工的崭新领域。飞秒激光技术的成熟和商业化应用极大地拓展了光与物质相互作用的边界和范围。飞秒激光脉冲具有很多独特的特性，具体可以概括为以下几方面：

①可加工材料范围广：当激光峰值功率超过材料的烧蚀阈值时，飞秒激光可以实现对金属、介质材料、半导体材料和聚合物材料等的精细加工、修复和处理，与材料的种类和特性无关。所以从理论上说飞秒激光几乎可以加工任何材料。

②"冷"加工特性：与长脉冲激光相比，飞秒激光与物质相互作用的时间和

空间尺度都很小，在如此小的激光作用区域内材料温度在瞬间急剧上升，热量在瞬间来不及向周围扩散，最终材料以等离子体向外喷射的方式得以去除。在整个过程中有效避免了热熔化的存在，有望实现真正意义上的非热加工。

③加工过程的精准性：由于飞秒激光加工是非热加工，所以在根本上减弱或避免了类似于长脉冲加工所涉及的较大熔融区、热影响区、冲击波区等多种效应对周围材料造成的影响和损伤，使加工过程所涉及的空间范围大大缩小，从而提高了激光加工的精准性。

④可以真正实现微纳米量级的三维加工：由于飞秒激光脉冲的空间强度分布是高斯形状，因此，如果使得光斑中心附近很小区域的功率密度达到材料的作用阈值，则飞秒激光加工可以突破衍射极限的限制，实现亚微米或纳米量级的加工，从而使得飞秒激光加工过程具有严格的空间定位选择能力。

⑤加工能量的低消耗性：飞秒脉冲的持续时间只有 10^{-15} s，所以脉冲能量在时间尺度上高度集中，瞬间产生极高的功率密度，这样飞秒激光加工所消耗的光能量就大大降低。

综上所述，飞秒激光是在极短时间尺度、极小空间尺度和极端物理条件下对材料进行的作用。与传统的激光加工线性吸收不同，飞秒激光加工往往涉及多光子吸收和电离，是典型的非线性过程。飞秒激光脉冲是高斯光束，而多光子吸收则强烈地依赖于光强，具体地说多光子吸收效率与激光光强的 n 次方成正比。同时，飞秒激光加工时存在有确定的多光子吸收阈值，因此可以突破衍射极限实现小于焦点光斑尺寸的精密加工，也就是说其光束特性决定了它是激光微加工中最理想的工具。

1.2.4　飞秒激光在微纳加工中的应用

飞秒激光可对石英、玻璃等各种透明材料内部进行三维加工和改性。在透明材料中，原子对电子的束缚作用力很大，导致其材料的电离能通常大于激光光子的能量，传统的长脉冲激光由于单脉冲能量无法达到材料的烧蚀阈值，而不能对其进行有效加工。但飞秒激光与物质相互作用发生在极短的时间和极小的空间内，这样脉冲能量在极短的时间内和极小的作用区域内就会急剧聚集，瞬间使激光作用区域温度剧增，最终以等离子体的形式向外喷射，同时带走几乎全部的热量，使得激光脉冲作用区域内的温度急剧下降。这样样品经过迅速升温然后降温，结果会导致材料内部光学性能发生改变，主要体现在材料折射率的变化上。而整个过程又不会对材料产生永久性损伤，所以使用飞秒激光能够对光学透明材料进行内部三维结构精细微加工。很多研究人员已经通过飞秒激光加工出了光波导、波导分束器等微结构器件，同时人们利用飞秒激光在石英玻璃中制备出了各种微光学元件和微流体器件，并将其成功集成在同一块玻璃芯片上，于是飞秒激光就在生物传感和生化分析等领域得到了一定的应用。

飞秒激光多光子聚合加工技术可以实现对聚合物材料的微纳米量级制备。由于飞秒激光具有极高的功率密度，其激光作用区域往往会发生多光子吸收。飞秒激光多光子聚合加工方法，主要借助于外部设备与相关技术主动控制激光焦点的扫描路径，将高能量激光脉冲照射到聚合物分子下，当激光能量超过材料多光子吸收阈值时，则会产生固化，最终在材料上得到了所需的三维结构。相比于别的激光技术，此技术具有极大的加工灵活性，可以人为控制所期望得到的各种微纳米结构。

孙洪波等人于 2001 年在 Nature 期刊上报道了利用飞秒激光双光子聚合加工方法在商用型树脂材料 SCR500 上加工出了世界上最小尺寸的纳米牛，其特征尺寸体长为 10 μm，高 7 μm，如图 1.1 所示，其中的整个实验过程耗时 3 个多小时，纳米牛的制备在飞秒激光微加工领域具有重大的意义和价值。另外，德国

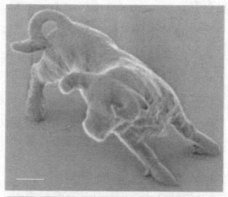

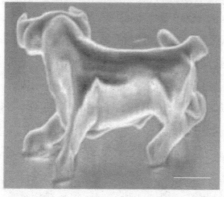

图 1.1 双光子聚合加工的最小纳米牛

学者 Markus Deubel 等人采用 120fs 激光脉冲通过激光直写的方式在商业化应用材料光刻胶 SU-8(MicroChem)上制备了三维光子晶体结构(图1.2)。

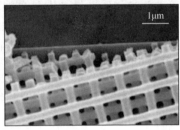

图 1.2 飞秒激光直写制备三维光子晶体

在生物医学领域,飞秒激光也具有极大的应用空间。由于飞秒激光所具有的准确空间定位等优点,因此它可被用作进行高精密的手术切割。采用这种方法可以减小对细胞组织的损伤。其次,飞秒激光还可以用来加工制备微纳米级别的血管支架,将载有可扩张支架的导管通过皮肤刺穿送到动脉血管狭窄或闭塞的部位,以支架的扩张力将狭窄的血管撑开,使血液贯通。通常这些支架大都采用不锈钢管经过激光熔刻而成。目前已经成熟的技术应用包括:飞秒激光治疗近视,在牙齿、隐形眼镜上钻孔,具有边缘干净整洁、无损伤等特点;生物学中飞秒激光染色体切割等。综上所述,飞秒激光微加工技术将在超高速通信、强场科学、纳米科学、生物医学等领域具有广阔的应用和潜在的市场前景。此外,在电子信息领域,研究人员将新型激光精密加工装备应用于半导体集成电路、平板显示、光纤光栅传感器,大大提高了制作效率和工艺水平。经过科研人员不懈的努力,飞秒激光在信息通信、半导体照明、太阳能电池、光伏发电、航空航天、微创医用器械及各类微机电系统等新兴产业中也得到了广泛应用。

1.3　飞秒激光诱导表面周期结构的研究进展

1.3.1　飞秒激光烧蚀及改性

激光自 1960 年问世以来，由于其优越的性能在各个领域得到了广泛应用。目前激光加工技术已经进入到很多高新技术领域，正日益取代传统加工技术。激光烧蚀技术的理论基础是光与物质的相互作用，其基本过程是利用激光脉冲的高功率特性使靶材表面温度急剧升高，最后产生汽化和等离子体喷射等，使得靶材表面质量发生迁移和烧蚀去除的现象，可以对不同种类的金属、介质、半导体等材料进行切割，打孔和改性处理等。飞秒激光具有的超短持续时间和超高功率密度使它在烧蚀过程中有着独特的优越性，在较低的脉冲能量下就可以获得极高的功率，作用于材料表面会发生很强的非线性效应。激光对材料的损伤和烧蚀一直是科研工作者研究的课题之一，按烧蚀程度的强弱，飞秒激光烧蚀可以分为强烧蚀(strong ablation)和弱烧蚀(gentle ablation)现象。在飞秒激光烧蚀过程中脉冲时域和空域的能量分布决定了最终的表面结构形貌。

为了对材料造成烧蚀作用，入射激光的能量必须超过某一特定的值，即材料的烧蚀阈值。在飞秒激光作用下，在极短的时间内激光能量来不及传递给离子，因而在激光脉冲与电子相互作用的过程中离子保持相对低温，这样电子可以在很短的时间内被加热到很高的温度。当光强超过一定数值时，电子可以获得大于费米能的能量而从材料表面逃逸。而激光的有质动力又将离子推向材料烧蚀区域的深处，这样就得到一个由电荷分离而产生的静电场。离子在静电场力的作用下向材料外逃逸从而造成烧蚀。在飞秒激光作用的过程中，材料会吸收光子，在材料界面很小的区域内会因多光子电离而快速产生大量的自由电子等离子体。大量激光能量在材料表面沉积，给局部加热并使其形成光损伤，而周围物质仍处于"冷"状态，因此，飞秒激光加工的材料边缘较为光滑、整洁。国际上德国汉诺威激光中心率先开展了飞秒激光烧蚀的实验研究，他们采用钛蓝宝石激光器作为入射光源(激光脉宽在 200fs ~ 5000ps 连续可调，单脉冲能量约 100mJ)对薄钢片样品进行了打孔实验，作用结果如图 1.3 所示。从该图可以看出，纳秒和皮秒长脉冲激光导致的烧蚀孔的边缘附着有许多突起和明显的热熔化痕迹；而飞秒激光脉冲导致的烧蚀孔的边缘看上去干净整洁，没有明显的热熔化痕迹。

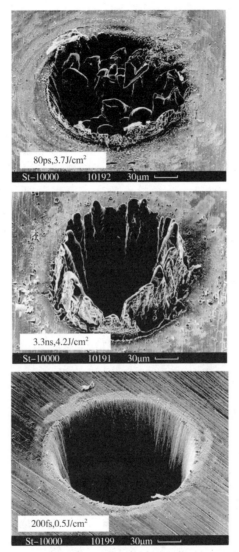

图 1.3　不同脉冲宽度激光在
薄钢片表面烧蚀形成的形貌特征

　　激光表面改性技术同样基于光与物质相互作用，高功率的激光以非接触的方式照射到材料表面，使材料表面光学性质发生变化。美国罗切斯特大学郭春雷研究小组利用飞秒激光照射纯金属铝，获得了表面呈金色、蓝色、灰色，以及其他多种颜色的彩色金属铝。在对经飞秒激光处理后的样品表面进行反射率测量，发现飞秒激光着色后的金属表面在 250～2500nm 的波段内较未处理的材料表面其对光的吸收率有大幅提高。同时，大量的实验表明当飞秒激光的能量刚好达到材料的烧蚀阈值时，会使材料发生永久性的结构改变，在激光辐照区域材料的折射率发生变化。

1.3.2　飞秒激光诱导表面周期性条纹结构

飞秒激光应用于精细加工越来越受到研究人员的重视，飞秒激光因具有强场超快特性，从而不会在材料中引起明显的热传导效应。在材料晶格通过载流子的弛豫达到平衡以前，在电子的激发和非线性过程的作用下，飞秒激光诱导材料产生非热结构变化，从而在材料表面产生周期性结构。飞秒激光与材料作用往往伴随着非线性吸收和能量转移过程，如果激光能量沉积达到材料的烧蚀阈值，就会使得材料结构发生永久性的改变。研究发现飞秒激光烧蚀材料获得的表面形貌与入射激光能量有极大的关系。很显然，当激光能量较大时，在激光脉冲作用区域发生严重烧蚀和材料去除，从而形成明显的烧蚀坑洞，其特征尺寸与光强和聚焦程度密切相关。然而人们发现，随着入射激光能量的逐渐减小，直到单脉冲烧蚀阈值附近时，在材料表面会诱导形成在空间上呈周期性分布的条纹状烧蚀沟槽结构，人们把这种结构称之为激光诱导表面周期性结构（Laser Induced Periodic Surface Structures，LIPSSs）。

1965 年 Birnbaum 等人利用红宝石纳秒脉冲激光在半导体材料锗（Ge）表面首次观察到了这种 LIPSSs 结构的产生（图 1.4），其中规则结构的周期为微米量级，大于入射激光波长。这种现象引起了国内外学者的极大兴趣，随后人们研究发现，在飞秒激光作用下这种 LIPSSs 结构的空间周期可以小于入射激光波长，甚至可以达到纳米量级。2009 年 Masataka Shinoda 等人利用中心波长为 800nm 的飞秒激光脉冲在金刚石表面诱导产生了长为 0.3mm、沟槽宽度为 40nm、沟槽深度为 500nm、沟槽空间周期约为 146nm 的光栅状条纹结构，其条纹空间取向垂直于入射激光的偏振方向。2014 年，贾天卿课题组利用中心波长

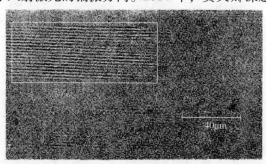

图 1.4　半导体锗（Ge）表面形成周期条纹结构的显微图像

为 800nm、脉宽为 50fs、重复频率为 1kHz 的飞秒激光脉冲在 ZnO 表面诱导产生了纳米光栅结构，如图 1.5 所示。纳米光栅周期约为 100nm 和 300nm，其方向垂直于激光偏振方向。2016 年 Yuncan Ma 等人在半导体材料 SiC 表面制备了周期性的条纹结构，条纹周期约为 150nm，条纹方向垂直于激光偏振方向。通过化学溶液腐蚀处理，可以有效清洁所形成的表面结构形貌。

图 1.5　飞秒激光脉冲在 ZnO 表面诱导
产生的纳米光栅结构

不难发现，单束飞秒激光脉冲烧蚀材料表面可以形成周期性的亚波长或深亚波长的表面条纹结构。研究表明，这种表面周期性条纹结构很容易在金属、介质和半导体等材料表面获得。并且研究发现，大多数情况下诱导产生周期性条纹结构的空间取向垂直于入射激光的偏振方向，只有在少数情况下于激光偏振方向相平行。

2005 年，贾天卿课题组采用波长为 400nm 和 800nm 双束飞秒激光脉冲在硒化锌（ZnSe）晶体表面制备了周期约为 180nm 的高空间频率周期性条纹（HSF）结构。实验中两束激光偏振方向互相垂直，当改变两束激光的入射通量时，发现周期性条纹结构的空间取向也随之发生变化，笔者将这种表面周期性条纹结构的产生归因于两束入射光与表面散射波的干涉。2011 年德国马普所的 A. Rosenfeld 等人采用双束偏振垂直的飞秒激光脉冲序列对熔融石英玻璃进行了实验研究，实验采用中心波长为 800nm，脉宽为 150fs 激光脉冲。实验装置采用迈克尔逊干涉系统，两束激光脉冲的时间延迟可调范围为 −20 ～20ps。研究结果表明，当两束激光的峰值通量相等时且在入射激光总通量较低的情况下，第一束入射的激光偏振方向对最终在样品表面诱导产生的周期性条纹结构起决定性作用。笔者将这种表面周期性条纹结构的形成定性归因于飞秒激光脉冲作用于样品表面时自由电子等离子体的产生，但是没有给出更为详细的论述。2012 年 J. Bonse 等人采用双光束中心波长为 800nm，脉宽为 160fs，偏振方向互相平行的飞秒激光脉冲对熔融石英玻璃进行了实验研究，实验中两束飞秒激光脉冲的时间延迟范围为 0 ～40ps。实验结果表明当总的入射激光通量接近于材料的烧蚀阈值时，随着两束激光时间延迟的增大在激光烧蚀区域边缘会观察到低空间频率(LSF)的周期性(周期约为 750nm)条纹结构向高空间频率(HSF)周期性条纹(周期约为 530nm)结构转变。笔者认为第一束激光脉冲辐照材料时会在材料表面激发形成一个类金属层，时间上延迟入射的第二束激光脉冲随后与这个类金属表面层相互作用，最终形成周期性的表面条纹结构。2016 年 Masaki Hashida 等人研究了偏振相互垂直的双脉冲飞秒激光在钛(Ti)表面诱导产生周期性条纹方向的偏转。实验结果表明，当两束飞秒激光脉冲通量均低于样品的烧蚀阈值时，在时间延迟 0 ～120fs 内产生的周期性条纹结构的空间取向位于两束光入射夹角的角平分线的方向(45°方向)。当固定其中一束激光脉冲的峰值通量并缓慢增加另一束激光的入射通量时，观察到诱导产生的条纹方向发生了逆时针方向的偏转。

从以上讨论可以看出，对于双脉冲飞秒激光诱导产生周期性表面条纹结构的研究通常基于调控入射激光的中心波长、入射通量、偏振夹角和时间延迟。并且偏振夹角或是垂直或是平行，缺少其他角度下的实验测量。其次，两束入射光之间的延迟时间也处于小于 10ps 的小延迟范围之内，没有在更大时间延迟范围上进行尝试。而对于具有时间延迟特性的三光束乃至更多光束飞秒激光诱导表面结构的研究还没有相关报道。正是基于上述缘由，本书以半导体材料 SiC 晶体作为研究对象，对飞秒激光诱导产生表面微纳结构进行了深入研究，研究结果将在第 5 章和第 6 章进行详细讨论。

1.3.3　飞秒激光在材料表面诱导产生二维周期结构

利用飞秒激光脉冲在材料表面制备各种类型的二维，甚至三维周期性结构一直是人们关注的热点。一般来说，线偏振的飞秒激光能够诱导产生一维光栅状的微纳米量级周期性条纹结构，其中条纹的方向垂直于入射激光的偏振方向。二维周期性表面微纳米结构的制备一般采用模板＋曝光刻蚀技术，其制备工艺较为复杂，且耗费时间，对实际应用极为不便。

E. V. Barmina 等人通过两次曝光法在单晶硅表面制备了二维表面微纳米结构。实验采用迈克尔逊干涉装置，先将经过抛光的单晶硅样品放置在酒精溶液之中，用第一束中心波长为 800nm 的飞秒激光脉冲照射在放置于酒精溶液中的样品，并在其表面诱导形成一维的周期性条纹结构；然后将样品旋转 90°，用第二束经过倍频之后中心波长为 400nm 的激光再次照射样品，最终在硅表面诱导产生了周期为 200 ～ 220nm 的二维表面结构，其表面形貌结构如图 1.6 所示。2016 年 An Pan 等人利用中心波长为 800nm，脉宽为 50fs 的线偏振飞秒激光脉冲

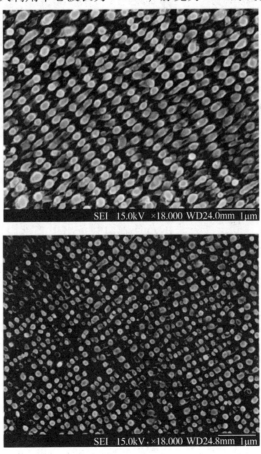

图 1.6　采用两次曝光法在硅表面
诱导产生的二维表面周期结构

序列在晶体硅(Si)表面以线扫描的方式，诱导产生了二维周期性表面结构，其表面形貌的 SEM 图如图 1.7 所示。

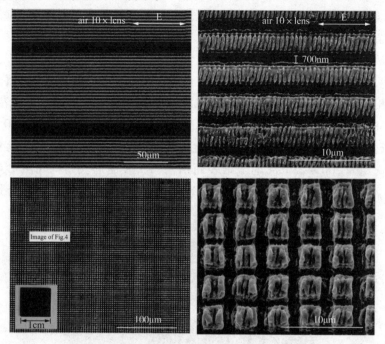

图 1.7　飞秒激光在硅表面制备的二维周期结构

　　上述关于复杂二维表面周期性微纳米结构的制备基本均是采用单束激光脉冲经过一次或两次曝光来实现。2010 年华东师范大学的贾天卿课题组采用三光束飞秒激光脉冲的空间干涉方法在 ZnO 表面制备出了二维周期微纳米量级花瓣状的表面结构，其中，微花瓣结构的空间周期约为 2.5μm。南开大学杨建军课题组在总结前人研究成果的基础上，采用偏振方向互相垂直的双色(中心波长为800nm 和 400nm)飞秒激光脉冲，在金属钼(Mo)表面一步快速获得了二维阵列分布的周期性微纳米结构；同时，利用 400 nm 单束飞秒激光和双色不同偏振态的飞秒激光(800nm 和 400nm)在单晶铜(Cu)表面制备了周期性复合纳米结构，如图 1.8 和图 1.9 所示。其中所形成的椭圆形微纳米结构阵列在竖直方向的周期为 236nm，在水平方向的周期为 616nm。此外，南开大学杨建军课题组还首次采用经光学双折射钒酸钇(YVO4)晶体产生的共线传输和偏振垂直的双束飞秒激光脉冲经柱透镜线聚焦，在金属钨表面诱导产生了大面积均匀分布的二维亚微米圆包状阵列结构。通过二维快速傅里叶变换分析表明，在金属表面形成的圆包状结构具有良好的空间周期分布特征。

　　上述讨论基本上都基于实验部分，而对于相关的理论研究目前尚无深入的报道。飞秒激光在极短的时间尺度内将能量注入材料作用区域，这个过程本身就包含激光与材料相互作用的超快动力学过程，在此过程中，瞬态光栅超表面的产生对理解激光诱导表面周期结构产生的物理机制具有重要的启示作用。

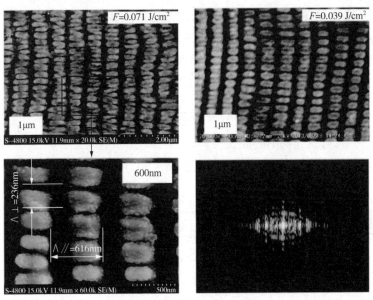

图 1.8 双色飞秒激光脉冲在金属钼表面制备的二维周期结构阵列

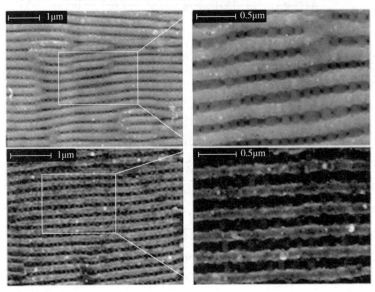

图 1.9 单束蓝色飞秒激光在单晶铜表面制备形成的周期纳米复合结构

1.3.4 激光诱导表面周期结构的物理机制

自 1965 年 Birnbaum 首次利用红宝石纳秒脉冲激光在半导体材料锗(Ge)表面诱导产生周期性条纹结构以来，针对激光诱导表面周期结构物理机制的研究从未中断。刚开始在材料表面获得的条纹结构周期接近于入射激光波长，人们习惯上称为经典条纹结构，对此，英国的学者 D. C. Emmony 等人采用了表面散射波理论加以解释，具体情况如图 1.10 所示。该理论认为这种周期性条纹结构实际上是由材料表面散射波与入射激光的干涉所形成，条纹周期可以表达为

$$\Lambda = \frac{\lambda}{1 \pm \sin\theta} \tag{1.1}$$

式中 λ——入射激光的中心波长；

θ——入射角，在正入射的情况下($\theta = 90°$)，条纹周期就约等于激光的入射波长。

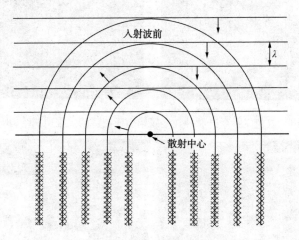

图 1.10 表面散射波模型

该理论能够合理解释长脉冲激光在材料表面诱导产生的周期性条纹结构，但是对理解亚波长和深亚波长的条纹结构产生的实验现象(即高空间频率条纹 HSF)遇到了困难。为此，国内外学者又陆续提出了自组织、二次谐波以及表面等离子激元(SPP)干涉等多个理论模型。其中，表面 SPP 干涉模型在近年来被人们广泛接受，即当高功率的飞秒激光照射材料时会在其表面激发产生表面等离子体波，随后入射激光与 SPP 波相互干涉导致激光能量在空间上呈光栅状的离散分布，最终在材料表面烧蚀产生周期性的条纹结构。其中 SPP 的波长为

$$\lambda_{SPP} = \lambda \sqrt{\frac{\varepsilon_d + \varepsilon_m}{\varepsilon_d \varepsilon_m}} \tag{1.2}$$

若令
$$\eta = Re\left[\frac{\varepsilon_d \varepsilon_m}{\varepsilon_d + \varepsilon_m}\right]^{1/2} \qquad (1.3)$$

则可获得条纹的周期为
$$\Lambda = \lambda/(\eta \pm \sin\theta) \qquad (1.4)$$

式中　ε_d——金属材料的介电常数;

　　　ε_m——材料表面媒质的介电常数;

　　　η——金属与介质交界面处的有效折射率实部;

　　　θ——入射角。

根据式(1.4)可知,激光正入射时得到的条纹周期约为 $\Lambda = \lambda_{sp}$,小于入射激光波长。

需要指出的是,上述讨论主要针对金属材料,这是因为根据式(1.2),SPP 波的激发需要 ε_d 为负值,而通常情况下只有金属表面才支持 SPP 波的激发,SPP 波也只能局域在金属表面传播。然而,在一些情况下,某些金属材料在特定光学波段范围内也并不支持 SPP 波的激发,例如金属钨、钼以及半导体和透明介质材料的介电常数在可见光波段内为正值,但是在这些材料表面同样观察到了上述周期性条纹结构的产生。这是因为飞秒激光具有极高的峰值功率,当它辐照这些材料表面时可以瞬间改变其物理性能,形成一个类金属态表面,从而可以支持 SPP 波的激发产生,该理论已经被大量实验所证实。

1.4　飞秒激光烧蚀材料瞬态物理过程的研究进展

超短脉冲技术尤其是飞秒激光技术的出现将材料瞬态物理过程变化的时间分辨尺度提高到了新的高度。飞秒激光由于其极短的脉冲持续时间,在激光与材料相互作用过程中就像是一把极高精度的时间标尺,可以对材料受光的辐照后经历的超快动力学过程进行高精度的测量,使用飞秒激光代替单色光源可以使得探测物质的分辨率提高 10^6 倍。对于金属和半导体材料来讲,由于飞秒激光的脉冲宽度小于电子-声子相互作用的时间尺度,飞秒激光的辐照会激发材料内部电子和晶格进入非平衡态,然后它们经历皮秒或亚皮秒量级的弛豫过程。在此物理演化阶段中可以实施对材料结构进行非平衡态的超快调控,这是平衡态情况下所无不能及的。1974 年苏联科学家 S. I. Anisimov 等人提出了飞秒激光和金属相互作用的双温模型,即飞秒激光超短脉冲与电子及电子与晶格两种不同的相互作用过程。在飞秒激光诱导界面微结构过程中,由于脉冲持续时间远小于电子-晶格声子的弛豫时间(皮秒量级),因此靶材内的电子和晶格声子并没有达到热平衡,体现在电子温度与晶格温度随时间的演化不同,其物理机制与纳秒等长脉冲激光的烧蚀机制完全不一样。飞秒激光与金属相互作用的过程中，电子温度对晶格温度及烧蚀的过程起着非常重要的作用。

目前，对于光与物质相互作用超快动力学过程的研究主要有三种方法：反射率或透射率测量技术、时间分辨光谱成像技术和 X 射线衍射或电子衍射技术。这三种方法都是基于泵浦–探测技术，其基本原理是：先用一束较强的超短激光脉冲作为泵浦光去激发样品，在材料表面产生激发态粒子数的布居，这会引起样品表面光学性质的变化(如吸收率的减小或增加)，然后用另一束较弱的超短激光脉冲作为探测光去探测或感知这种变化，这样可以反推得到材料处于激发态的信息，逐步调控探测光和泵浦光的时间延迟就可以得到激发态随时间演化的全过程。泵浦–探测常用来做时间分辨，是因为两束激光脉冲经过独立的光路传输并可以获得连续变化可调的时间延迟量，其光路图如图 1.11 所示。泵浦–探测又可以分为单色泵浦–探测和双色泵浦–探测。

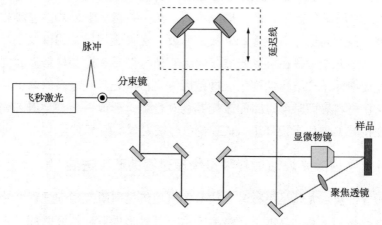

图 1.11 双色泵浦–探测实验光路图

1984 年美国布朗大学的 C. Tomsen 等人利用皮秒激光泵浦–探测方法对半导体薄膜上相干声学声子的振荡行为及其传播动力学过程进行了实验研究。此后，大量科研人员对此类物理过程相继开展了相关研究工作，并取得了丰硕成果。2010 年 D. Puerto 等人采用基于泵浦–探测的反射率和透射率测量方法研究了熔石英玻璃材料在飞秒激光照射下的等离子体产生及弛豫过程，实验测量结果如图 1.12 所示。研究表明，在飞秒激光烧蚀熔石英玻璃的初期阶段材料表面反射率的增大是由于自由电子的产生，随着时间延迟增大反射率逐渐减小，最后达到平衡，说明自由电子密度在弛豫过程中先增大后减小和最终达到平衡状态。近年来 J. Bonse 等人采用双色泵浦–探测实验装置，在金属、介质和半导体材料表面获得了不同时间延迟下的激光烧蚀形貌，通过测量不同时刻激光作用烧蚀区域的面积和条纹周期，对激光诱导表面周期条纹结构的动力学过程进行了研究。图 1.13 为双色飞秒激光在不同时间延迟情况下在硅表面诱导产生的微结构形貌。

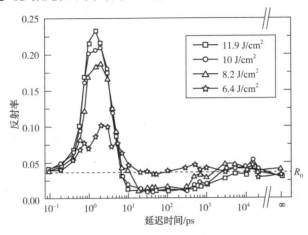

图 1.12　基于泵浦−探测飞秒激光诱导熔融石英玻璃表面反射率的变化

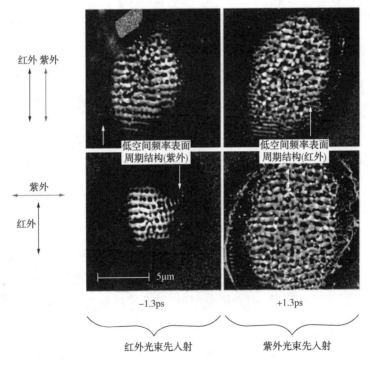

图 1.13　双色飞秒激光在不同时间延迟情况下在硅表面诱导产生的微结构

　　上述激光诱导表面周期性结构的研究都仅限于很小的时间延迟范围（小于10ps），且多集中于介质和半导体材料。杨建军课题组利用双色飞秒激光脉冲的可变时间延迟方法在金属钼表面诱导产生了二维周期微纳米结构，如图1.14所示。实验中400nm倍频光延时入射，实验结果显示改变两束激光的时间延迟（-50~260ps）可以在样品表面诱导产生不同类型的二维结构。理论分析表明，双色飞秒激光脉冲与材料表面瞬态物理过程之间产生的相互关联是此类二维微结构形成的主要原因。这也为飞秒激光在材料表面诱导规则的二维周期性微纳米结构提供了新的思路。

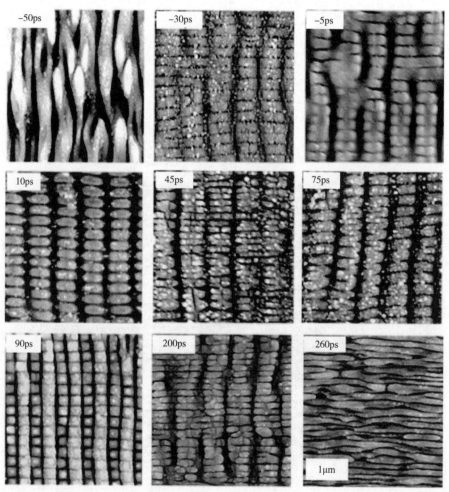

图1.14 双色飞秒激光在金属钼表面诱导产生的二维周期结构

综上所述，经过大量科研工作者的不懈努力，目前人们对激光诱导表面微结构的超快动力学过程有了初步认识。但是，对于表面周期性条纹结构形成的瞬态过程和二维表面微结构的形成机制仍然没有统一的认识，尤其是飞秒激光作用于材料后介电常数的变化等。除此之外，对于激光与材料相互作用的超快动力学过程的研究目前基本上都是基于泵浦–探测技术的反射率或透射率测量，电子或 X 射线衍射等方法。但这些方法的特点是：都需要复杂的高灵敏度的探测仪器，并且实验装置复杂。因此如何寻找基于简单实验方法就可以实现对激光与物质相互作用瞬态过程的研究便显得尤为重要。在此背景下，本书在总结前人实验方法的基础上，采用两束或三束不同偏振态和可变时间延迟的飞秒激光脉冲作为入射光源，通过观测激光辐照材料表面形貌特征随时间延迟的变化，来探究飞秒激光与物质相互作用的瞬态物理演化过程，实验原理如图 1.15 所示。同时，此方法可以实现对飞秒激光诱导表面周期性结构的可控制备。

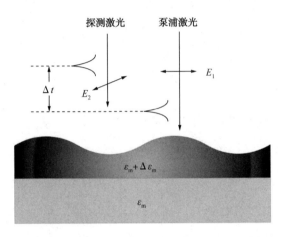

图 1.15　基于时间延迟的线偏振飞秒激光脉冲与
材料瞬态物理过程作用的示意图

第 2 章

飞秒激光 SiC 表面 微纳米颗粒结构制备

20 世纪 60 年代，美国科学家梅曼就预言激光可以用于材料切割、加工及改性。超快激光微纳制造近年来得到了迅速发展，成为通过激光手段制备纳米结构实现纳米效应的热门方向。超快激光一般指脉宽小于 10ps 的皮秒和飞秒激光，飞秒激光的脉宽极窄、能量密度极高，与材料的作用时间极短，会产生与长脉冲激光加工几乎完全不同的机理，能够实现亚微米与纳米量级制造。目前，激光加工已经延伸到很多产业并得到了快速发展。由于激光具有极高功率密度、高亮度、高的时间和空间相干性，所以可以对大部分材料进行加工和处理。飞秒激光微纳加工是利用飞秒激光极其优越的特点在材料表面或内部诱导出微纳米量级尺寸结构的过程。在飞秒激光微加工过程中往往伴随着载流子的产生、多光子吸收、光致电离、等离子体喷射等物理过程。

　　本章首先简单介绍飞秒激光微加工实验平台、实验所选取的样品材料及飞秒激光直写实验装置。然后利用单脉冲圆偏振飞秒激光对 SiC 表面微结构的产生进行了实验研究，并对其中的物理机制进行分析。激光诱导表面周期结构形貌通常受到激光加工参数的影响，其中，激光偏振态对表面微结构形貌特性具有重要的调控作用。

2.1 飞秒激光微加工实验系统

　　飞秒激光微加工是当今世界激光、光电行业领域极为重要的前沿研究课题，飞秒激光因具有能量低、加工材料范围广、精度高，对环境没有特殊要求、无污染等特点，在推动激光微加工向低成本、高可靠性、多用途、产业化发展方面具有积极意义。飞秒激光微加工系统可提供灵活的微加工平台，配备高功率和高脉冲能量的飞秒激光器可以高精度、高质量加工各种材料。飞秒激光微纳加工平台主要由飞秒激光系统和三维精密加工平台两部分组成。飞秒激光系统作为激光光源为整个实验过程提供稳定的飞秒激光脉冲。三维精密加工平台由计算机软件控制，用来实现待测样品的精确移动，从而确保聚焦后的激光脉冲在样品表面的直写加工。

2.1.1　飞秒激光系统

　　飞秒激光器是飞秒激光微纳加工系统的核心部分，输出的激光脉冲功率、波长、脉宽、重复频率等参数对激光微加工的结果有着重要的影响。图2.1为飞秒激光加工实验平台。实验所采用的飞秒激光系统是由美国光谱物理公司生产的掺钛蓝宝石（Ti∶sapphire）飞秒激光放大系统（HP-Spiti-fire，Spectra-Physics Inc.）。实验装置如图2.2所示。该系统主要由飞秒激光振荡器（Millennia，Tsunami）和飞秒激光放大器（Evolution，HP-Spitifire）两部分组成。飞秒激光振荡器为放大器提供种子光，经放大器后输出的飞

图2.1　飞秒激光加工系统现场照片

秒激光中心波长为800nm、脉宽50fs、重复频率1kHz、单脉冲最大能量可达2mJ(表2.1)。

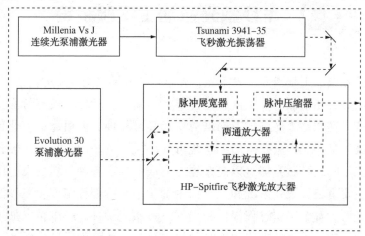

图2.2 飞秒激光放大系统示意图

表2.1 飞秒激光系统参数列表

英文名称	中文名称	重复频率/Hz	中心波长/nm
Millennia	连续光泵浦激光器	CW	532
Tsunami	飞秒激光振荡器	82M	800
Evolution	调Q脉冲泵浦激光器	1k	527
HP-Spitifire	飞秒激光放大器	1k	800

实验所采用的飞秒激光振荡器(Tsunami)是基于克尔透镜自锁模技术的钛蓝宝石激光器(Ti：sapphire laser system)，其光路设计如图2.3所示。其中连续光泵浦激光器(Millennia)为 Nd：YVO 半导体激光器，输出激光脉冲中心波长为532nm，输出峰值功率为5W，为整个振荡系统提供稳定的泵浦源。Millennia 输出的泵浦光首先通过 Brewster 棱镜，然后由反射镜 P_1，P_2 反射，并将其聚焦到掺钛蓝宝石晶体；整个振荡系统采用由 $M_1 \sim M_{10}$ 反射镜组成的折叠腔模式，M_1

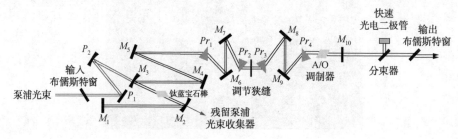

图2.3 飞秒激光振荡器光路俯视图

和 M_{10} 为腔的端镜，腔内采用两组棱镜对 $Pr_1 \sim Pr_4$，其作用是调节和补偿由腔内激光工作物质所产生的群速度色散；在棱镜 $Pr_2 \sim Pr_3$ 之间放置有可调谐狭缝（Tuning Slit），其目的是用来调节和控制激光输出的中心波长；声光调制器 A/O Modulator 是一个辅助锁模装置。从振荡器输出的飞秒激光脉冲重复频率为82MHz、脉宽为35fs、平均功率约为400mW、中心波长为800nm，并以此作为飞秒激光放大系统的种子光。掺钛蓝宝石的自锁模现象是由 Spence 等在1990年发现的，该锁模机制不需要依靠材料的可饱和吸收特性就可以实现选择性通过强光、损耗弱光。这种锁模技术所依赖的基本原理，目前普遍认为是固体增益介质在强聚焦泵浦下所形成的克尔效应所致，因此也被称为科尔透镜锁模技术。

激光放大器与振荡器属于同一物理过程，都基于受激辐射光放大原理。激光脉冲的放大过程首先用泵浦光去激励增益介质，使增益介质中的粒子数发生反转，当信号光叠加形成信号光放大。通常情况下，从振荡器输出的飞秒激光脉冲虽然重复频率很高，但单个激光脉冲的能量却只有纳焦量级(nJ)，远远达不到微纳加工的实验要求。为了解决这一不足，实验室采用一套 HP-Spitifire 放大系统来获得高功率的飞秒激光脉冲输出，其腔内光路设计如图 2.4 所示。整个放大系统由展宽器(Stretcher)、再生放大器(Regenerative Amplifier)、两通放大器(Two-pass amplifier)和脉冲压缩器(Compression)四部分组成。其中，泵浦源 Evolution 是一台倍频调 Q 激光器(脉宽200ns、重复频率1kHz、中心波长527nm、单脉冲输出能量30mJ)，为整个放大系统提供稳定的泵浦光。放大系统采用啁啾脉冲放大技术来实现对种子光的放大。首先，从飞秒激光振荡器输出

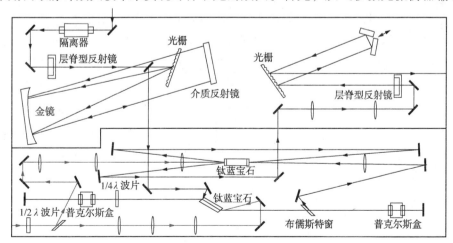

图 2.4　飞秒激光放大器的光路示意图

的种子光脉冲经过半透半反镜后被分成两束，其中一束进入脉冲展宽器，展宽器的色散作用将脉宽由35fs展宽到130ps左右，这样可以有效避免激光脉冲在放大过程中对工作物质和光学元器件的损害；另一束光用作光谱仪的检测信号。然后，从展宽器输出的激光脉冲经过反射镜进入以掺钛蓝宝石为增益介质的再生放大器进行小信号增益放大，再生放大器腔内置两个普克尔盒（Pokels cell），左面的普克尔盒加高电压后将种子光脉冲选择进入再生腔；右边的普克尔盒加电压后相当于一个1/2波片，用于输出放大后的激光脉冲。从普克尔盒输出后激光脉冲进入两通放大器进行再放大，然后进入光栅压缩器，并经过往返4次的色散补偿将激光脉冲在时间上进行压缩，输出脉宽为50fs、重复频率1kHz、中心波长800nm、单脉冲能量为2mJ的线偏振飞秒激光脉冲。在实验过程中，利用单脉冲二阶自相关仪对激光放大器输出的飞秒激光脉冲进行实时监测。

2.1.2　三维精密加工平台

上一节介绍了飞秒激光微纳加工的激光器系统，在实验的过程中对材料的加工是通过操作三维精密加工平台来进行的，样品放置于三维移动平台上，由计算机精确控制。下面对飞秒激光加工精密平台进行简单介绍。

样品扫描系统一般选用三维高精密移动平台，平移台的移动通过计算机控制。本实验所用高精密度三维电动平移台型号为UTM100PE.1，由Newport公司生产，电动平移台有 x、y、z 三个独立的轴，对应最大移动距离分别为50mm、25mm和25mm，其移动精度可以达到1μm量级。实验过程中保持入射激光位置不动，样品固定在三维移动平台上面，三维电动平移台由计算机软件控制，移动平移台的三个轴便可实现飞秒激光在样品表面的直写扫描。在实验中，飞秒激光在样品表面的扫描是以划线（线扫描）的方式实现的，具体过程如图2.5所示。激光放大系统出射的飞秒激光脉冲能量密度较低，较难直接加工材料。实验通过显微物镜对出射的飞秒激光脉冲进行聚焦，将激光能量聚焦到材料表面或者内部，直接加工样品。显微聚焦系统的参数为物镜的数值孔径，数值孔径决定了实验中所能聚焦光斑的最小尺寸，即决定了经聚焦后，激光脉冲在焦点处的功率密度。因此因根据加工样品的种类和目的，选择合适的显微物镜。

2.1.3　飞秒激光直写加工系统

激光直写技术是一种近年来应用广泛的超精密加工技术。该技术采用强度

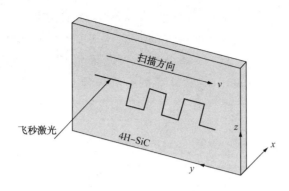

图 2.5　飞秒激光在样品表面扫描示意图

可调的激光脉冲,在材料表面实施有规则的高精度扫描,在加工过程中材料随载物台平台而运动,扫描速度会影响材料加工精度。飞秒激光直写加工实验装置如图 2.6 所示,从飞秒激光放大器输出的激光脉冲为水平偏振,在光路中加入 1/4 波片后将其变为圆偏振光。入射激光能量通过中性密度衰减片获得调节。采用一个 4 倍的显微物镜($NA = 0.1$)将飞秒激光脉冲聚焦到样品表面。焦点处的高斯光束束腰半径为

$$\omega_0 = \frac{M^2 \lambda}{\pi NA} \tag{2.1}$$

则离焦点距离 z 处的光斑半径可以表示为

$$\omega(z) = \omega_0 \sqrt{1 + \left(\frac{M^2 \lambda z}{\pi \omega_0}\right)^2} \tag{2.2}$$

式中　ω_0——物镜之前的光束束腰半径;

M^2——光束质量因子,$M^2 = 1.51$;

NA——物镜的数值孔径。

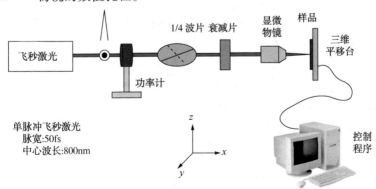

图 2.6　飞秒激光直写示意图

在实验中，将样品放在距离焦点前方 300μm 的位置，其目的是为了避免高强度飞秒激光脉冲焦点处击穿空气产生等离体对实验结果造成影响。将激光参数代入式(2.2)，计算得到经物镜聚焦后在距离焦点 $z = 300\mu m$ 处的光斑半径约为 30μm。实验样品固定在三维精密电动平移台上，通过计算机软件控制三维平移台移动便可实现飞秒激光脉冲在样品表面的直写加工。

本实验是以线扫描的方式进行，在扫描的过程中脉冲重叠数目主要由扫描速度、离焦距离、物镜的数值孔径 NA 和入射激光波长 λ 共同决定，其表达式如下：

$$N = \frac{2000\omega(z)}{v} \tag{2.3}$$

式中　N——脉冲重叠数目；

　　　v——扫描速度。

2.2　SiC 材料及其属性

2.2.1　SiC 材料的研究意义

飞秒激光在不同材料表面诱导产生的微纳米结构形貌也不同，这与所选取的样品材料本身的属性有密切关系。实验所选取的样品材料是半导体 SiC 块体材料。

众所周知，传统的半导体材料虽然在工业等各个领域得到了大量使用，但发展至今已经接近其应用极限，因此在高频、高温、高压应用领域均迫切需要新一代的半导体器件。工业的需求极大地促进了科研人员对半导体材料的研究，从传统的以硅(Si)和锗(Ge)为代表的第一代半导体材料，发展到现在以碳化硅(SiC)、氮化镓(GaN)、氧化锌(ZnO)、金刚石等为代表的第三代半导体材料。作为第一代半导体材料的硅和锗，在国际信息产业中的各类分立器件和应用极为普遍的集成电路、电子信息网络工程、电视、计算机、通信、航空航天、国防工程、光伏发电等领域得到了极大的应用。第二代半导体材料主要指化合物半导体材料，如砷化镓(GaAs)，碲化铟(InSb)；三元化合物半导体，如 GaAsAI、GaAsP；固溶体半导体；玻璃半导体，如非晶硅、玻璃态氧化物半导体；有机半导体等。第二代半导体材料主要用于制作高速、高频、大功率器件以及发光器件，是制作高性能微波、毫米波器件及发光器件的优质材料。因信息产业的兴起，还被广泛应用于卫星通信、移动通信、光通信和导航等领域。相比于第一代半导体材料和第二代半导体材料，第三代半导体材料具有宽禁带、较高的击穿电场、更高的热导率、更高的电子饱和速率和极佳的抗辐射能力，这对高频、高温、高压、大功率光电子器件的应用来讲是非常合适的，因此第三代半导体材料又被称为宽禁带半导体材料，亦被称为高温半导体材料。尤其在航空航天、高温冶炼、核反应堆、地下矿井与油井勘探等极端环境等领域有极大的应用价值。随着节能减排、新能源并网、智能电网的发展，这些领域对功率半导体器件的性能指标和可靠性的要求日益提高，要求器件有更高的工作电压、更大的电流承载能力、更高的工作频率、更高的效率、更高的工作温度、更强的散热能力和更高的可靠性。经过半个多世纪的发展，基于硅材料的功率半导体器件的性能以及接近其物理极限。因此，以碳化硅、氮化镓等为代表的第三代半导体材料的发展开始受到重视，目前很多研究人员对这种半导体材料的研究几近狂热，研究手段也各不相同。从目前第三代半导体材料和器件的研究来看，较为成熟的是 SiC 和 GaN 半导体材料，碳化硅（SiC）和氮化镓（GaN）并成为第三代半导体材料的双雄。

SiC 作为第三代半导体材料的典型代表，具有禁带宽度大、击穿电压高、热导率高、抗辐射能力强、化学稳定性好等优良的物理化学性质，是高温、高压、抗辐射光电子器件的优选材料，可以广泛应用于人造卫星、载人航天、激光雷达、通信、机械马达等领域。国际上一些发达国家和相关研究机构都投入了大量人力和资金对 SiC 材料进行研究。20 世纪 90 年代以来，美、日、欧和其他发达国家为了保持在航天、军事领域的优势，将发展碳化硅半导体技术放在极其重要的战略地位，在碳化硅材料和器件技术应用领域的研究相继投入了大量的人力和财力。"十二五"初期，我国掀起了研发第三代半导体器件领域的热潮，"十三五"期间第三代半导体材料和器件的研发得到了极大的重视，经过长足发展，我国碳化硅外延材料的研发和产业化水平得到了极大提升，为服务国家发展做出了基础性贡献。

2.2.2 SiC 的晶体结构及属性

SiC（silicon carbide）是 C 元素和 Si 元素形成的化合物，目前已发现的碳化硅同质异型晶体结构有 200 多种，每种多型体的 C/Si 双原子层的堆垛次序不同。碳化硅晶体是原子晶体，一个 C 原子和四个 Si 原子可组成正四面体结构，一个晶胞由四个 C 原子和四个 Si 原子组成，其晶体结构具有同质多型体的特点。在半导体材料领域常见的晶体结构有两种：一种是具有闪锌矿结构的 3C-SiC；另一种是具有六方纤锌矿结构的 4H-SiC 和 6H-SiC。六方结构的碳化硅具有临界击穿电场高、电子迁移率高的优势，是制造高压、高温、抗辐照功率半导体器件的优良半导体材料，也是目前综合性能最好、商品化程度最高、技术最成熟的第三代半导体材料，并且在 20 世纪 90 年代 4H-SiC 晶片实现了商业化生产。SiC 的禁带宽度为 Si 的 2~3 倍，热导率为 Si 的 4.4 倍，临界击穿电场约为 Si 的 8 倍，电子的饱和和漂移速度为 Si 的 2 倍。SiC 的这些性能使其成为高频、大功率、耐高温、抗辐照半导体器件的优选材料，可用于地面核反应堆系统的监控、原油勘探、环境检测及航天测控，电子通信等极端环境中。图 2.7 给出了 4H-SiC 的晶体结构。表 2.2 为 4H-SiC 的部分性质。

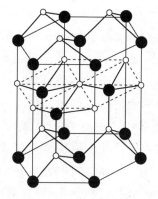

图 2.7 4H-SiC 六方
纤锌矿结构

表 2.2 4H-SiC 的属性列表

属性名称	符号	单位	数值
禁带宽度	E_g	电子伏特/eV	3.26
最高工作温度	T	摄氏度/℃	1580
相对介电常数	ε		10
热导率	σ	W/(K·cm)	3.7
击穿电场	E_c	V/cm	2.2×10^6
电子迁移率	μ_e	cm²/(V·s)	1000
空穴迁移率	μ_p	cm²/(V·s)	115
最大电子饱和速度	V_{sat}	cm/s	2×10^7
莫氏硬度			9

实验所使用的 4H-SiC 晶片尺寸为：20mm×20mm×1mm，为单面抛光，其未经飞秒激光加工之前表面形貌 SEM 如图 2.8 所示。

图 2.8　未经飞秒激光照射加工的 4H-SiC 晶体
表面的扫描电镜显微图（SEM）

2.3　圆偏振飞秒激光在 4H-SiC 表面制备微纳米颗粒结构

　　飞秒激光由于具有极高的功率密度，其作用于材料的过程往往是非线性过程，通过非线性吸收和能量的转移，如果激光能量在样品表面的沉积达到材料的烧蚀阈值，就会使得材料的结构发生永久性的改变。飞秒激光脉冲的光束特性决定了它是激光微细加工中最理想的工具，飞秒激光可以加工实现小于焦点光斑尺寸的精密加工。激光加工参数（激光中心波长、偏振态、脉宽、重复频率，激光功率等）和材料本身的性质决定了材料结构改变的类型。飞秒激光诱导样品表面产生微纳米颗粒结构是光与物质相互作用产生的一种常见物质结构形貌，该结构为亚微米级尺度的空间结构，实验表明微纳米颗粒结构的产生依赖于入射激光的偏振态及入射通量。

2.3.1　入射激光功率对表面微结构的影响

　　图 2.9 给出了离焦为 0.3 mm、扫描速度为 0.1 mm/s 时，入射飞秒激光功率在 $P = 4 \sim 12$ mW 范围变化时，在 4H-SiC 样品表面诱导产生球形或椭球形纳米颗粒结构形貌的 SEM 图。通过测量得到纳米颗粒的直径为 120 ~ 160 nm。从图上可看出，当入射激光功率在较小范围（4 ~ 8 mW）变化时，产生的球形纳米颗粒较为均匀，其表面也较规整；当激光功率大

于 8 mW 时，产生的纳米颗粒均匀性变差，其表面形貌规整性也急剧下降。实验结果表明，入射激光功率对纳米颗粒的均匀性及规整性有重要影响。

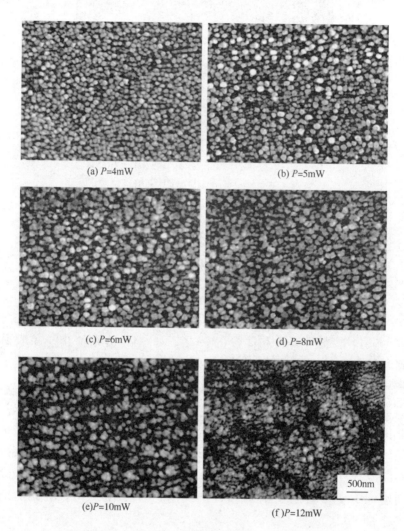

(a) P=4mW

(b) P=5mW

(c) P=6mW

(d) P=8mW

(e)P=10mW

(f)P=12mW

图 2.9　不同入射功率下圆偏振飞秒激光在 SiC 表面
诱导产生纳米颗粒结构的 SEM 图

2.3.2　扫描速度对表面微结构的影响

当入射激光功率为 5mW、圆偏振飞秒激光脉冲在扫描速度分别为 0.1mm/、0.2mm/s、0.3mm/s 和 0.4mm/s 时，通过飞秒激光直写加工在 SiC 表面诱导产生的纳米颗粒结构形貌如图 2.10 所示。从图中可以看到，扫描速度在 0.1 ~ 0.4mm/s 的范围内变化时，在样品表面均产生了空间规则性分布的球形纳米颗粒结构，其空间周期约为 120 ~ 160nm，且不受样品扫描速度变化的影响。同时，在此扫描范围内，球形纳米颗粒表面的规整性保持得较好。

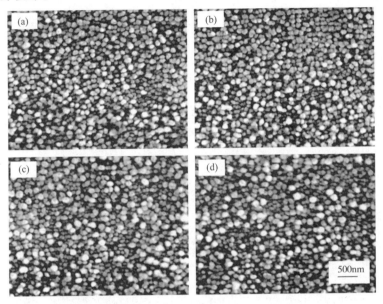

图 2.10　圆偏振飞秒激光在 SiC 表面诱导产生球形微纳米颗粒结构

2.3.3　实验结果与分析

大量实验研究表明，单束线偏振飞秒激光脉冲辐照材料表面时，可以在材料表面诱导产生周期性的表面条纹结构，其表面条纹结构空间方向垂直于入射激光的偏振方向。但是如果改变入射激光的偏振态，如采用圆偏振飞秒激光脉冲入射，其在材料表面诱导产生的微结构一般不再是周期性条纹结构，而是周期性的微纳米颗粒结构。本实验采用 800nm 圆偏振飞秒激光脉冲入射到 SiC 材料上，在样品表面获得了近周期约为 120 ~ 160nm 的球形纳米颗粒分布，该结构完全不同于线偏振飞秒激光入射产生的周期条纹结构。从物理上来讲，任意圆偏振光的电场矢量可以分解为相互垂直方向上的两个电场分量，它们的各自作用最终导致了球形纳米颗粒的产生，即入射激光的圆偏性是球形纳米颗粒产生的根本原因所在。因此，利用光的偏振特性可以调控激光诱导表面周期结构形貌，从而实现对材料界面的改性。

2.4 飞秒激光在 6H-SiC 表面诱导纳米颗粒结构

采用单束飞秒激光脉冲作用于半导体 6H-SiC 晶体表面，其中单脉冲激光通量为 $F = 0.14 \text{J/cm}^2$。实验中，旋转 1/4 波片，使得出射激光脉冲为圆偏振光，以圆偏振光所在光轴为参考零点，逆时针旋转 1/4 波片，实验所得 6H-SiC 表面结构形貌 SEM 如图 2.11 所示。当 $\theta = 0°$ 时，圆偏振光在 SiC 样品表面诱导产生了均匀的纳米球形颗粒，其颗粒直径大约为 $d = 150 \text{nm}$。随着 1/4 波片逆时针旋转，其纳米颗粒的形状发生了变化，在 $\theta = 15°$ 和 $\theta = 30°$ 时，纳米

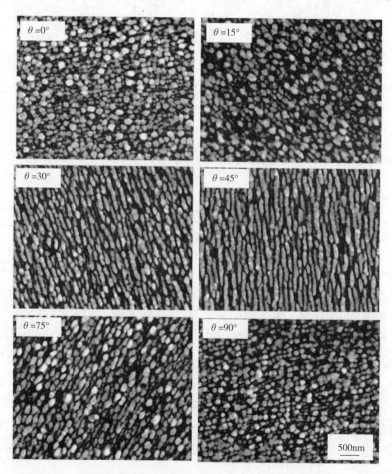

图 2.11　单脉冲飞秒激光诱导 6H-SiC 晶体表面结构形貌 SEM 图

颗粒由球形演化为了椭圆形，并且其排列方向也发生了变化，值得注意的是当 $\theta = 45°$ 时，先前产生的纳米颗粒变成了周期性条纹结构。当 $\theta = 75°$ 时，条纹结构又变成了椭圆形纳米颗粒，$\theta = 90°$ 时，椭圆形纳米颗粒变为球形纳米颗粒。从图 2.11 可以看出，圆偏振飞秒激光脉冲在半导体 6H-SiC 晶体表面诱导产生的周期性表面结构，随着 1/4 波片光轴的变化由球形纳米颗粒过渡到椭圆形纳米颗粒，进而演化为周期性条纹结构。这种表面形貌特性反映了入射激光偏振态对激光诱导周期性表面结构形貌特性有很大影响。图 2.12 为单脉冲飞秒激光诱导 6H-SiC 表面周期性纳米结构排列方向随 1/4 波片偏转角度 θ 的变化。从图上可以看出，周期性纳米颗粒的排列方向随着 1/4 波片偏转角度 θ 的增大呈近似线性变化。

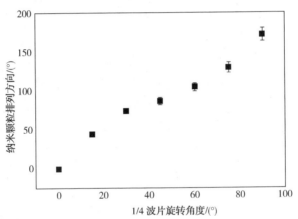

图 2.12　6H-SiC 表面纳米颗粒排列方向
随 1/4 波片偏转角度 θ 的变化

实验当中通过逆时针旋转 1/4 波片来控制其出射激光的偏振态，在单脉冲飞秒激光作用的实验中，偏转角 $\theta = 0°$ 对应于圆偏振光，其诱导产生了周期性的球形纳米颗粒，如图 2.11 所示。当 $\theta = 15°$ 和 $\theta = 30°$ 时，出射的激光脉冲变为椭圆偏振光，其诱导产生的表面形貌由球形纳米颗粒变为椭圆形纳米颗粒，并且椭圆形纳米颗粒的排列方向沿椭圆长轴的方向。当 $\theta = 45°$ 时，此时出射的激光脉冲又变为水平偏振光，诱导产生了周期性条纹结构，条纹方向垂直于线偏振光的偏振方向。这表明，6H-SiC 周期性表面结构形貌强烈依赖于入射激光的偏振方向。也就是说，圆偏振激光会诱导产生周期性的球形纳米颗粒，椭圆偏振光会诱导产生椭圆形纳米颗粒，线偏振激光诱导产生周期性的条纹结构。周期性条纹结构的产生归因于入射激光与 SPP 波的干涉。纳米颗粒的形成源于入射激光的圆偏性。

2.5 本章小结

自从飞秒激光出现之后，飞秒激光与物质相互作用就引起了研究人员的广泛关注。在此过程中，出现了许多引人注目的现象，如飞秒激光脉冲诱导纳米颗粒结构，其空间周期远小于入射激光中心波长。飞秒激光同材料的作用机理不同于传统的激光材料加工，是一个多光子吸收过程，非线性作用过程占据主导地位。在激光作用的过程中，大大减低了材料的烧蚀阈值，瞬间激光能量的注入，使得能量瞬间沉积在材料表面的趋肤层内，将固体材料直接气化。本章介绍了飞秒激光微加工实验装置和实现对材料表面改性的方法。采用圆偏振飞秒激光脉冲在 4H-SiC 和 6H-SiC 样品表面诱导产生了周期性的球形纳米颗粒结构，并研究了不同激光功率和扫描速度对诱导产生的表面球形纳米颗粒结构形貌的影响，讨论并分析了球形纳米颗粒结构产生的物理机制。激光诱导表面微纳米结构形貌依赖于入射激光的偏振特性，即入射飞秒激光的圆偏性是产生表面球形纳米颗粒结构的关键。同时，入射飞秒激光功率和样品扫描速度对纳米颗粒结构的均匀性和规整性有一定影响。

第 3 章

单束飞秒激光在 SiC 表面诱导周期条纹结构

随着人工智能时代的到来，人们对信息的需求越来越强烈，对信息的获取与处理逐渐向多维化发展，信息容量急剧增大，这就要求各种光电元器件要实现微型化、集成化，因此一些具有特定功能性的光电子元器件将成为未来信息处理及智能传感的核心部件。同时，在5G智能邻域微光学器件将成为支撑信息技术的关键材料。近年来飞秒激光微加工技术引起了科学界的广泛关注，飞秒激光直写加工光栅状纳米级结构可以对集成光路的发展提供有价值的参考。飞秒激光脉冲凭借其超短脉宽及超强的瞬时功率，相比传统的激光加工有着明显的优势，基于其强场超快特性，飞秒激光几乎可以加工任何材料，非接触、非热加工，高精度加工，能够加工亚微米级结构和多维复杂结构。飞秒激光加工材料过程中会产生周期性的表面结构，而如何高效、精密的制备光栅状条纹结构就成为激光微加工领域一个亟须解决的问题。

飞秒激光与材料相互作用时，在其光辐照区域会诱导产生自组织的纳米量级的周期性条纹结构，大量实验表明，诱导产生的表面周期条纹空间取向高度依赖于入射激光的偏振方向，同时，激光加工参数的变化会影响表面结构的形貌特征。诱导产生的表面条纹周期远小于入射激光中心波长，这在突破衍射极限的微光学器件制备、材料改性及平板显示等方面具有广阔的应用前景。

本章采用中心波长为800nm，脉宽为50fs的单脉冲线偏振飞秒激光在半导体4H-SiC材料表面直写诱导产生了光栅状HFS表面条纹结构，并深入研究了激光加工参数对表面周期条纹结构的影响。最后理论分析了激光诱导光栅状表面条纹结构产生的物理机制。

3.1 飞秒激光直写加工装置

飞秒激光直写实验装置图如图 3.1 所示，与图 2.6 的实验装置相类似，光路中采用 1/2 波片来改变入射激光的线偏振方向。出射的线偏振激光经 4 倍显微物镜后聚焦于样品表面。在实验的前期需要寻找最佳的离焦位置，实验上通过精密调节三维平移台的 x 轴方向的距离在样品表面以点扫描方式来精确获得实验所需最佳离焦位置。实验加工过程采用激光直写扫描的方式进行，直写扫描加工示意图如图 3.2 所示。

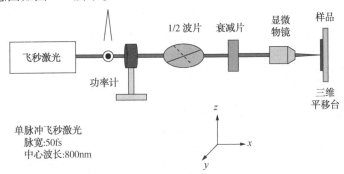

图 3.1　单束飞秒激光直写光路图

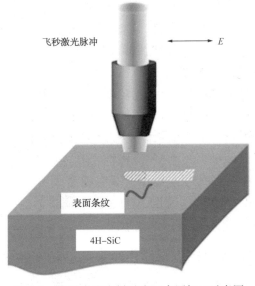

图 3.2　飞秒激光在样品表面直写加工示意图

3.2 飞秒激光对 SiC 表面的烧蚀及改性

自 20 世纪 60 年代初激光被发明以来，随着激光技术不断发展，各种激光加工技术应运而生，如激光打孔、激光切割以及激光 3D 打印等，这些技术被广泛应用于信息产业、国防安全、生物医疗等多个领域。飞秒激光由于其极窄的脉宽和极短的脉冲持续时间而具有超快和超强的特点，在较低的脉冲能量就可以获得极高的功率密度，当该脉冲聚焦到材料中会发生很强的非线性效应。飞秒激光作用于材料中引起的表面结构修饰的第一步是激光能量在材料中的沉积，烧蚀过程中时域和空间域的能量分布决定了最终的烧蚀形貌。激光辐照下，首先将激发出大量电子，随后发生电子–声子耦合，能量传递给晶格，晶格达到平衡的时间在皮秒量级。热扩散、材料熔融时间尺度随着材料的不同而有所区别，但基本上处于几十到几百皮秒的时间量级上。材料表面烧蚀形成的时间大约为几百皮秒到纳秒不等。飞秒激光由于脉宽远小于电子–声子相互作用的时间尺度，电子中沉积的激光能量来不及传递给离子，激光脉冲辐照就已经早结束。此时材料内电子的温度还非常高，而离子的温度很低，因此飞秒激光烧蚀是一个非平衡烧蚀。激光与材料的相互作用过程实际上就是利用材料对激光能量的吸收将材料去除从而完成加工的过程。飞秒激光烧蚀材料时其功率密度可达 $10^{12} \, \text{W/cm}^2$，在烧蚀过程中往往伴随着热损伤、雪崩击穿等物理现象。在烧蚀过程中，激光能量在激光辐照材料的极短时间内就传导给晶格，从而引起材料的加热、熔化和等离子体去除。飞秒激光具有的超快超强特性，使得在激光烧蚀过程中电子和晶格的温度弛豫时间不同，理论上需要用双温模型进行计算和模拟。双温模型中需要考虑电子与电子电子与晶格两种不同的相互作用过程，电子与晶格的温度变化可以用微分方程组求解。一般情况下，电子温度变化的微分方程反映了电子温度变化跟激发光源、电子热传导以及电子–晶格耦合等过程，晶格温度变化的微分方程反映了电子和晶格之间的相互作用，双温模型表明，晶格温度变化跟晶格热传导和电子–晶格耦合有关。用双温模型可以用来讨论飞秒激光与很多材料相互作用的微观物理机制。

3.2.1 离焦距离对逐点扫描产生表面结构形貌的影响

飞秒激光对材料烧蚀的物理机制与一般长脉冲激光的烧蚀机制有根本

不同。与一般长脉冲激光相比,飞秒激光对材料烧蚀效应体现在,明显减弱对光斑周围区域的体烧蚀,烧蚀斑形貌比长脉冲激光烧蚀斑干净整洁。飞秒激光烧蚀的关键在于其能量在材料中热扩散开始前非常短的时间内沉积在材料表面,在激光辐照瞬间,材料中的电子温度迅速升高,随后电子将能量传递到原子晶格,材料发生物质迁移,烧蚀和产生等离子体。由于飞秒激光脉宽远小于电子将能量传递到晶格的时间,因此飞秒激光对不同材料的烧蚀效应基本相同。

图 3.3 为不同离焦距离情况下,飞秒激光在半导体 SiC 表面逐点扫描烧蚀产生孔状结构的 SEM 图。通过观察烧蚀圆孔的尺寸大小即可确定焦点位置。由于在激光脉冲焦点处光斑直径最小,故 SEM 图上尺寸最小的烧蚀孔对应于激光焦点的位置,以此可以确定离焦距离 L。在焦点位置处,由于聚焦后飞秒激光功率极高,对材料的烧蚀作用最强,此时在材料表面会产生烧蚀孔,随着离焦距离的增大,烧蚀孔逐渐消失,代而产生圆形的烧蚀斑,图 3.4 给出了激光功率为 $P = 25\mathrm{mW}$ 时,飞秒激光经物镜聚焦后在样品表面以逐点扫描方式获得的表面结构形貌随离焦变化的 SEM 图。从图上可以看到,在焦点处激光作用于样品 SiC 直接产生烧蚀圆孔,随着离焦量的增大圆孔逐渐消失,代而产生圆斑状的烧蚀区域,并且发现了有光栅状周期性条纹结构产生。同时,实验发现,当离焦距离增大时,烧蚀圆斑面积也相应增大。图 3.5 给出了样品表面烧蚀斑直径随离焦距离的变化关系,可以看出,烧蚀斑直径随离焦距离的增大呈线性变化。

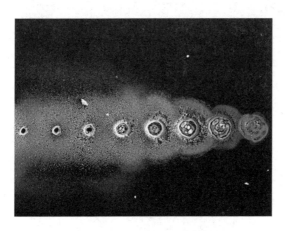

图 3.3　不同离焦条件下飞秒激光在
SiC 样品表面逐点扫描产生的烧蚀孔

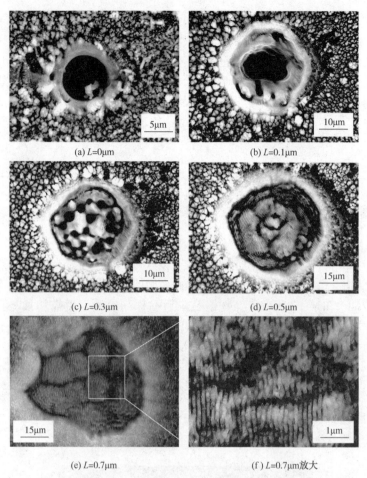

(a) $L=0\mu m$

(b) $L=0.1\mu m$

(c) $L=0.3\mu m$

(d) $L=0.5\mu m$

(e) $L=0.7\mu m$

(f) $L=0.7\mu m$放大

图 3.4　不同离焦飞秒激光在 4H-SiC 表面逐点扫描产生表面结构形貌的 SEM 图

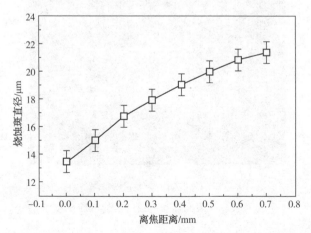

图 3.5　飞秒激光辐照 SiC 样品表面烧蚀斑半径随离焦距离的变化关系

3.2.2　飞秒激光偏振方向对周期性条纹结构的影响

当飞秒激光能量接近于材料的烧蚀阈值时，可以在材料表面形成不同特征的 LIPSSs，这几乎成为一种极其普遍的现象，其周期小于入射激光中心波长，这种结构又叫作亚波长表面条纹结构，并且表面条纹方向通常垂直于与激光偏振方向。在实验中通过旋转 1/2 波片来改变输出飞秒激光脉冲的偏振方向。选定激光偏振方向与水平方向的夹角为 θ。实验中通过逆时针旋转 1/2 波片便可以改变激光的偏振方向，从而在材料表面诱导产生表面周期结构。不同偏振方向单束飞秒激光在 SiC 表面诱导产生的条纹结构形貌如图 3.6 所示。其中，激光功率 $P = 8\text{mW}$（对应激光通量 $F = 0.14\text{J/cm}^2$）、离焦 $L = 0.3\text{mm}$、样品扫描速度 $v = 0.1\text{ mm/s}$。如果没有特别说明，离焦均为 $L = 0.3\text{mm}$。

从图 3.6 可以看出，当入射激光功率合适的情况下，偏振方向不同的飞秒激光脉冲辐照 SiC 表面均可形成光栅状的周期性表面条纹结构，且诱导产生的表面条纹的空间取向垂直于入射激光的偏振方向。测量得到条纹结构的空间周期约为 $\Lambda = 150\text{nm}$，属于高空间频率周期条纹（HSF），远

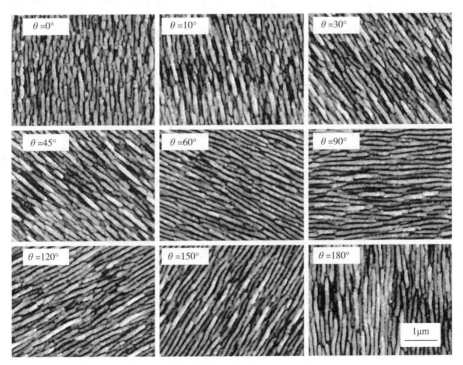

图 3.6　不同偏振方向飞秒激光在 SiC 表面诱导产生周期条纹结构的 SEM 图

小于入射激光的中心波长，完全不同于经典的表面条纹结构。研究发现在
SiC 材料表面，诱导产生的条纹结构的空间周期基本不随入射激光偏振方向
而变化。当 1/2 波片旋转 90°时，激光的偏振角度实际转过 180°，此时产
生的表面条纹方向与 $\theta = 0°$时的方向一样，由此可以得到激光诱导表面条纹
的偏转角度随 1/2 波片旋转角之间的依赖关系，如图 3.7 所示。

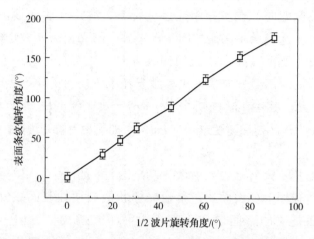

图 3.7　条纹偏转角度随 1/2 波片旋转角度的变化关系

3.2.3　扫描速度对样品表面微结构的影响

实验采用线扫描的方式在 SiC 材料表面进行直写加工，在入射飞秒激光
功率为 6 mW，激光偏振方向角为 $\theta = 60°$（相对于水平方向）时，当扫描速度
分别为 0.01 mm/s、0.04 mm/s、0.08 mm/s、0.12 mm/s、0.2 mm/s 和
0.4 mm/s 时，在 SiC 样品表面诱导产生了光栅状的周期性条纹结构，如图
3.8 所示。在样品扫描过程中激光的脉冲重叠数目可以由式（2.3）获得，由
此可以得到扫描速度分别为 0.01 mm/s、0.04 mm/s、0.08 mm/s、0.12 mm/s、
0.2 mm/s 和 0.4 mm/s 时对应的激光脉冲重叠数目分别为 60、240、480、720、
1200 和 2400。从 SEM 图上可以观察到，不同扫描速度情况下，在样品表面均
可诱导产生周期性的 HSF 表面条纹结构。但是，随着扫描速度的增大，HSF 条
纹结构的规整性变差，在扫描速度小于 0.1 mm/s 的范围内获得的条纹的规整性
较好（表面干净且整洁），当扫描速度大于 0.1 mm/s 时，所形成的条纹的规整性
变得较差。也就是说飞秒激光脉冲个数对激光诱导表面周期结构的形貌有一定
影响。

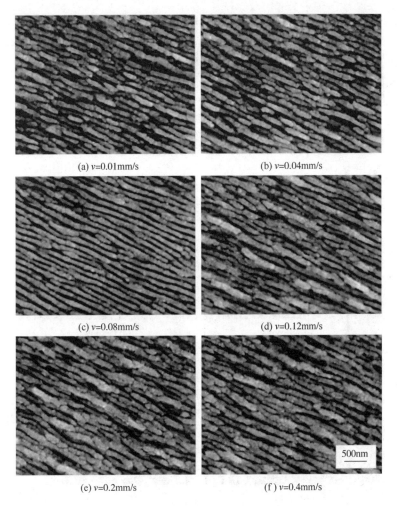

(a) v=0.01mm/s   (b) v=0.04mm/s

(c) v=0.08mm/s   (d) v=0.12mm/s

500nm

(e) v=0.2mm/s   (f) v=0.4mm/s

图 3.8　不同扫描速度时飞秒激光在 SiC 表面诱导
产生周期条纹结构形貌的 SEM 图

3.2.4　入射激光功率对表面周期性条纹结构的影响

图 3.9 给出了激光功率为 4mW、5mW、6mW、8mW、10mW 和 12mW 时，水平偏振飞秒激光脉冲在 4H-SiC 样品表面诱导产生微纳米结构形貌的 SEM 图，其中保持扫描速度 $v=0.1$mm/s 不变。从图 3.9（a）~图 3.9（d）上可以看出，入射激光功率小于 8mW 时形成的表面微结构是典型 HSF 表面条纹结构，空间周期约为 150nm，且表面较为规整；当入射激光功率大于 8mW 时，在样品表面产生的微结构规整性变差，精细条纹结构变得模糊，如图 3.9（e）和图 3.9（f）所示。

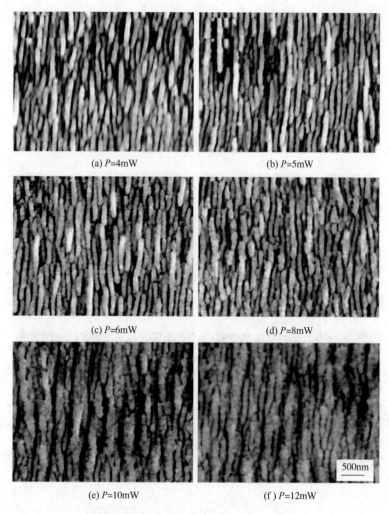

(a) $P=4$mW   (b) $P=5$mW

(c) $P=6$mW   (d) $P=8$mW

(e) $P=10$mW   (f) $P=12$mW

图 3.9　不同激光功率条件下在 SiC 表面诱导
产生表面结构形貌的 SEM 图

3.3 单束飞秒激光诱导表面周期条纹结构理论分析

单束飞秒激光可以诱导产生周期和准周期结构、纳米孔、不规则微纳米结构等。激光诱导周期条纹结构是微结构表面研究中的一个重要研究方向。飞秒激光直写在材料表面诱导产生周期性表面条纹结构是激光微纳加工的一种普遍现象。大量实验结果表明，采用飞秒激光脉冲直写的方法，通过调控飞秒激光参数(功率、脉宽、波长、偏振等)可以在金属、介质、半导体等材料表面诱导产生一维光栅状表面条纹结构。近几年，这方面的报道越来越多，采用不同的激光偏振条件、不同的材料类型、不同的激光加工条件可以诱导产生形貌各异的光栅状条纹结构，并且新的微结构形貌也被陆续制备出来。如果入射激光为线偏振态，那么一般情况下诱导产生的条纹结构的空间取向垂直于入射激光偏振方向，根据条纹周期跟激光波长的比例，条纹周期分为高空间频率(HSF)周期条纹(周期小于400nm)和低空间频率(LSF)周期条纹(周期为500~780nm)。光栅状表面条纹结构经过十几年的研究，特别是随着近几年新的实验现象的发现和分析手段的日益丰富，研究人员对其形成机制已经有了一定程度的认识和了解，同时也加深了人们对光与物质相互作用的认识。为了从理论上解释激光诱导表面周期条纹结构产生的物理机制，研究人员陆续提出了经典表面散射波、自组织、二次谐波及表面等离子体(SPP)波干涉等模型。这些理论虽然都可以解释一些部分实验现象，但是一些新的实验现象还在陆续被发现。在上述理论模型中，基于表面等离激元(SPP)的干涉模型可以解释大量的实验现象从而被大多数研究人员所接受。这一理论认为亚波长周期条纹结构的形成是由入射飞秒激光与激发出的表面等离激元相互干涉，致使激光脉冲能量在空间上周期性的分布所造成。下面讨论飞秒激光在半导体材料SiC表面诱导产生周期性条纹结构的物理本质。

表面等离激元(surface plasmon plariton)是金属内自由电子在光场作用下的集体振荡行为。飞秒激光与材料相互作用时，会激发产生高密度的载流子，此时会使金属、半导体、介质等材料表面的光学性质均显示金属性，高密度的载流子会使光滑的材料表面变得粗糙，飞秒激光在粗糙的材料表面会激发出表面等离子体激元。由于在通常情况(对于连续的金属介质界面)下，根据SPP波的色散曲线，如图3.10所示，表面等离子体波的波矢量 K_{SP} 大于自由空间光波的波矢量 K_0，所以直接用光波不可能激发出沿材料表面传播的SPP波。为了满足两者的动量守恒条件，物理上通常采用光栅耦合或者棱镜耦合等方法来达到波矢匹配。当单束飞秒激光脉冲辐照SiC样品表面时，由于先前激光脉冲的作用使得原来光滑的材料表面变得粗糙，如图3.11(a)所示，此时这种粗糙的表面就可以提供一个类似的光栅结构[图3.11(b)]，通过满足波矢匹配或者动量守恒条件，在样品表面激发出SPP波。产生的SPP波被局域在金属表面很薄的区域内传播，并且传播方向沿金属表面，并且在垂直方向上快速衰减。图3.12给出了单束飞秒激光在材料表面诱导产生周期性条纹结构的示意图，从物理上讲，在材料表面激发SPP波的频率和偏振方向与入射激光情况相同,因此SPP波与入射激光会发生相互干涉,导致入射激光脉冲的能量在样品表面呈周期性的空间离散化分布,最终在样品表面诱导出光栅状的周期性刻痕,这就是实验中所观察到的表面周期性条纹结构。激发SPP波的波矢匹配关系可以表达为

$$K_{SPP} = K_g + K_i \sin\theta$$

式中 K_{SPP}——SPP波的波矢;

$\quad\quad K_i$——入射激光的波矢量;

$\quad\quad K_g$——瞬态折射率光栅的光栅矢量;

$\quad\quad \theta$——入射激光与材料表面法线方向的夹角。

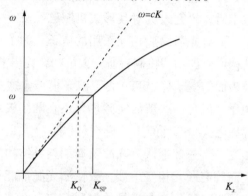

图3.10 SPP波的色散曲线

瞬态光栅 K_g 的方向和SPP波的波矢 K_{SPP} 的方向都平行于入射激光的偏振方向,因此最终诱导产生的条纹结构的空间取向垂直于入射激光的偏振方向。同时,K_g 的大小可以表示为 $K_g = 2\pi/\Lambda$, $K_i = 2\pi/\lambda_0$(λ_0 为入射波长),$K_{SPP} = 2\pi/\lambda_{SPP}$($\lambda_{SPP}$ 为SPP波的波长),由此可以得到条纹的周期为

$$\Lambda = \frac{\lambda_0}{(\lambda_0/\lambda_{SPP}) \pm \sin\theta} \quad\quad\quad (3.1)$$

对于垂直入射,即 $\theta = 0°$,则式(3.1)可以简化为

$$\Lambda \approx \lambda_{SPP} \quad\quad\quad (3.2)$$

由式(3.2)可以看出,激光辐照材料表面诱导产生的条纹周期由激发的SPP波长所决定,并且条纹结构的周期始终小于入射激光的中心波长。

通常情况下能够激发并支持SPP波产生需要满足介电常数实部为负值,而一般情况下半导体材料SiC的介电常数实部为正值,不支持SPP波的激发。而事实上,由于飞秒激光具有极高的功率密度,当它辐照到SiC表面上时,材料表面由于非线性吸收产生大量载流子,从而改变了SiC表面的光学性质,导致

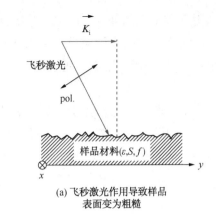

(a) 飞秒激光作用导致样品
表面变为粗糙

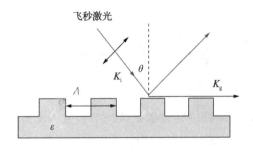

(b) 光栅耦合示意图

图 3.11　粗糙表面

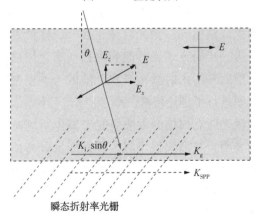

图 3.12　激光诱导产生周期性表面条纹结构的示意图

材料表面介电常数发生变化。激光作用的瞬间在 SiC 的表面微区具有了类金属的特性，这一报道已经在金属钨上面得到证实。具体地说，飞秒激光作用于 SiC 材料使其介电常数变为负值，从而激发产生 SPP 波并在材料表面产生瞬态折射率光栅，然后 SPP 波与入射飞秒激光脉冲相互干涉，导致激光能量在空间上呈光栅状的空间周期性分布，最终在样品表面诱导产生周期性的永久刻痕，即表面条纹结构。条纹周期用式(3.1)表示。当激光正入射时，条纹周期就等于 SPP 的波长。

此外，飞秒激光在 SiC 样品表面逐点扫描实验结果表明，当激光能量较高时，可以直接去除材料形成烧蚀孔；当激光能量减低到接近于材料烧蚀阈值时，在烧蚀孔的边缘会形成周期性的条纹结构，如图 3.4(e)所示。从物理微观角度看，当激光能量很大时，对材料的去除以热效应为主，表现为大量电子的无规则热运动；当激光能量接近于材料的烧蚀阈值附近时，大量电子的相干运动成为主要因素，并最终激发产生 SPP 波。

3.4 本章小结

飞秒激光诱导表面周期结构是激光微加工领域和表面结构研究领域中的热点研究课题，诱导产生的表面条纹结构特性由入射激光的波长、能量、偏振态、脉宽、重复频率和扫描速度等加工参数决定，其空间周期为亚波长量级。光栅状条纹结构具有典型的栅结构，可以作为微电子器件应用于信息存储、通信等领域。

本章主要采用单束线偏振飞秒激光脉冲，在 SiC 材料表面诱导产生了周期性表面条纹结构，并进一步研究了飞秒激光入射功率、扫描速度、偏振方向对表面微结构的影响，然后采用入射激光与 SPP 波的干涉模型对激光诱导表面周期条纹结构的物理机制进行了理论解释。

首先，通过飞秒激光逐点扫描的方法研究了离焦距离对样品表面烧蚀孔和烧蚀斑的影响。实验表明，当离焦很小时，激光能量极高，在样品表面产生孔结构；随着离焦距离的增大，烧蚀孔变为烧蚀斑，并且发现烧蚀斑的附近可以观察到周期性的表面条纹结构。

其次，采用线扫描直写的方法，研究了入射激光功率、扫描速度、偏振方向对表面微结构的影响。实验结果表明：

①诱导产生的条纹方向垂直于激光的偏振方向，并且入射激光的偏振方向决定了最终诱导产生的条纹的空间取向；

②在扫描速度为 0.1mm/s、离焦为 0.3mm、入射激光功率大于 8mW 时，

条纹的规整性变差；

③保持激光入射功率为 6mW、离焦 0.3mm 不变，扫描速度越大，诱导产生的条纹的规整性也越差。

最后，分析了单束飞秒激光脉冲在 SiC 上诱导产生周期性表面条纹结构的物理机制：飞秒激光脉冲辐照样品表面，会使样品表面的光学性质发生变化。具体来说 SiC 激发表面区域具有类金属的特性，介电常数变为负值，从而激发并支持 SPP 波的产生；随后 SPP 波与入射激光干涉形成激光能量在空间上的周期性离散分布，最终在材料表面诱导产生周期性的条纹结构。其中，飞秒激光在材料表面诱导产生的瞬态折射率光栅在条纹的形成过程中具有重要作用，通过利用瞬态光栅对延迟入射激光脉冲激发 SPP 的调制，可以实现对飞秒激光诱导产生表面微结构的有效操控，这在以下章节中将会给予详细论述。

第 4 章

双束飞秒激光诱导 SiC 表面周期条纹结构

材料表面周期微纳结构制备是激光微加工和材料学领域的重要研究课题之一。近年来，一维、二维等各种复合周期性微结构在高密度光存储、光子晶体、平板显示等领域的应用引起了科研工作者越来越多的关注。随着激光技术的发展，飞秒激光微加工技术已经成为高效制备这些微纳结构的重要手段之一。飞秒激光干涉光刻技术利用光的干涉，基于特定的光束组合方式，通过调控激光干涉光场的光强分布，以及激光脉冲偏振态等参数，从而在材料界面诱导产生具有特定形貌的表面周期结构。此外，飞秒激光辐照可以对材料表面进行加工和改性，其作用过程往往伴随着材料表面瞬态光学性质的变化，该过程本身就涉及飞秒激光与物质相互作用的超快物理特性。光学泵浦-探测技术具有极高的时间分辨率，可以用于光与物质相互作用超快过程的光学探测。在物理上一般以泵浦-探测技术为基础的反射率或透射率测量技术、时间分辨光谱成像技术和 X 射线衍射或电子衍射技术均可以研究飞秒激光与材料相互作用的超快物理过程。可以选用较强的激光脉冲作为泵浦光去激发材料，从而引起材料表面瞬态光学性质的变化，较弱的激光脉冲作为探测光，用于探测材料表面瞬态光学性质的变化，最终得到材料界面激光辐照区域瞬态物理参数（光学、电学）随时间的演化图景。

　　本章首先介绍基于马赫-曾德干涉系统的双光束时间延迟飞秒激光微加工实验装置。然后利用两束偏振异向飞秒激光脉冲在半导体材料 4H-SiC 表面诱导产生了高空间频率的周期性微纳米结构。理论上采用基于表面等离激元的 SPP 波干涉模型对实验结果进行了合理解释。最后研究了飞秒激光诱导半导体材料产生周期性条纹结构的超快动力学过程，研究结果表明飞秒激光辐照材料表面激发的瞬态超表面在表面周期结构的产生过程中起了重要作用。

4.1 双束飞秒激光微加工系统

马赫曾德干涉原理基于两个相干单色光经过不同的光程传输后的干涉理论。图 4.1 为基于马赫–曾德干涉系统的飞秒激光微加工实验装置示意图，其中，τ 为飞秒激光脉宽；λ 为中心波长；E_1 为光束 P_1 的电场方向；E_2 为光束 P_2 的电场方向；Δt 为两束激光脉冲的延迟时间。从飞秒激光放大器输出的（波长为 800nm，重复频率 1kHz，脉宽为 50fs）激光脉冲经过一个半透半反镜后被分成两束独立传播的激光脉冲 P_1 和 P_2。P_2 光束经过由两个屋脊形的全反射镜构成的马赫–曾德干涉系统，其光学延迟可以灵活调节，整个系统由一维精密电动平移台控制，平移台的最大行程为 25mm，调节精度可达 1μm，通过计算机软件控制一维平移台的移动就可实现时间延迟的精密调节。同时，在光路 P_1 中加入 1/2 波片，通过旋转 1/2 波片角度可改变激光的偏振方向。另一路激光脉冲 P_2 保持水平偏振方向不变。经过时间延迟后的两束光 P_1 和 P_2 经过一个半反半透的分光镜后在空间上共线传输，共线传输的两束激光脉冲最后经过一个 4 倍显微物镜将飞秒激光脉冲聚焦于样品表面。聚焦后焦点处的激光光斑直径大约为 16μm。实验样品材料固定在三维精密电动平移台上面，由计算机控制样品的移动，从而实现飞秒激光在样品表面的扫描直写。为了灵活调节两束激光脉冲的能量大小，光路中可以分别灵活插入中性密度衰减片。

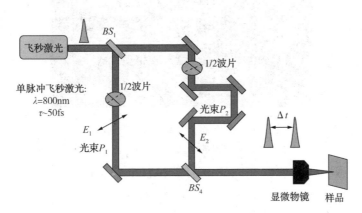

图 4.1 基于马赫–曾德干涉系统的飞秒激光微加工实验光路图

在上述基于迈克尔逊干涉系统的实验中，为了获得两束飞秒激光脉冲精确的时间延迟量，首先必须确保两束光在空间上严格重合。其次，要寻找两束光脉冲经过在样品表面的零时间延迟点，在该处两束光的光程相等。最后，通过计算机软件控制一维电动平移台的移动就可以实现两束光在时间上的延迟可调。在整个光路调试过程中零时间延迟点的寻找最为关键，实验中它是通过两束光产生的干涉条纹来获得。根据几何光学干涉原理关系式：

$$\Delta x = \lambda / 2\sin\theta$$

式中　Δx——干涉条纹间距；

　　　λ——入射激光波长；

　　　θ——光束空间夹角。

频率相同、偏振方向一致、共线传输的两束线偏振光会在接受屏上产生干涉条纹，条纹间距随两束光空间传输夹角的减小而变大。因此出现的干涉条纹数目越少，则表明两束激光的重合程度越高；反之，若观察到干涉条纹越细越密，表明两束光的空间重合度越差。图4.2为实验过程中观察到的两束飞秒激光脉冲在零延迟时的干涉条纹。在实验中可以观测到，两束激光的空间干涉距离仅有30μm，当干涉条纹对比度最大时即认为对应于两光束的零时间延迟。

图 4.2　两束激光等光程时在观测屏上
获得的干涉条纹照片

实验过程中样品放置在三维电动平移台上，保持经显微物镜聚焦后的光束空间位置不变，通过计算机控制三维平移台的移动来实现飞秒激光脉冲在样品表面的扫描。为了避免聚焦后的激光功率太大，实验过程中将样品放置于焦点前方300μm处。这样也消除了激光在焦点处击穿空气产生等离子体对实验效果的影响。实验结束后，将样品放在丙酮溶液中经过超声波清洗约 10min，最后通过扫描电子显微镜（SEM）对样品表面结构形貌进行表征。

4.2 飞秒激光干涉在 SiC 表面诱导周期条纹结构

物理学中，干涉是两列或两列以上的波在空间中重叠时发生叠加从而形成新波形的现象。自杨氏双缝干涉实验以来，干涉现象在许多科学及技术领域得到了广泛的应用。飞秒激光是典型的高斯光束，具有极好的相干性，当从一束光分出的两束激光脉冲在空间上叠加时，可以产生强度周期性调制的电磁场。这种周期性调制的电磁场与材料相互作用时可以诱导产生相应的周期性微纳米结构。飞秒激光干涉光刻技术具有无须采用掩模，光路简单，成本低等优点。通过飞秒激光双光束干涉技术，可以产生亚微米及纳米级尺寸的周期性阵列结构。一般情况下，双束飞秒激光干涉可以制备一维光栅状表面周期结构。

在前面章节中，我们采用单束飞秒激光脉冲，对激光参数的调控也只是入射激光功率、偏振方向和直写扫描速度。本章我们可以利用马赫-曾德干涉系统，通过调节两束入射激光的时间延迟和偏振方向之间的夹角，来研究激光诱导产生表面周期性微结构的特性。进而探索飞秒激光与半导体 SiC 材料相互作用的超快动力学过程。通过旋转 1/2 波片来改变光束 P_1 的偏振方向。如无特别说明，实验中保持滞后入射激光束脉冲 P_2 水平偏振方向不变。

4.2.1 双束偏振异向飞秒激光干涉诱导表面条纹结构

飞秒激光干涉技术在微加工领域最直接的应用就是在材料表面制备光栅状的周期结构。实验中，首先给出两束激光偏振方向夹角为 $\theta = 30°$ 时（以水平方向为参考线），单独作用于 4H-SiC 材料表面诱导产生周期性条纹结构的 SEM图，如图 4.3（a）和图 4.3（b）所示。其中单束激光通量为 $F = 0.28J/cm^2$，激光扫描速度为 $v = 0.1mm/s$，实验观察到样品表面条纹方向垂直于入射激光的偏振方向。当两束入射激光通量分别减小到 $F = 0.14J/cm^2$ 且同时入射到样品表面，即时间延迟 $\Delta t = 0$ 时，在 SiC 材料表面诱导产生的周期条纹结构如图 4.3（c）所示。需要强调的是，如果此时挡住任意一路光束，即单束激光脉冲（激光通量 F =0.14J/cm² ）辐照样品表面时均不能产生条纹结构。我们从图4.3(c)中测得条纹的空间周期约为 Λ =150nm，其条纹倾斜角 α =19°（如无特别说明，本章条纹倾斜角测量均以竖直方向为参考线），这与两束激光单独作用所产生条纹的情况完全不同。很明显，此时激光诱导产生的条纹空间取向既不垂直也不平行于其中任意一束激光的偏振方向，在此情况下条纹方向的倾斜角约等于两束光偏振方向夹角的一半，即此时条纹空间取向平行于两束光偏振方向夹角的角平分线方向。

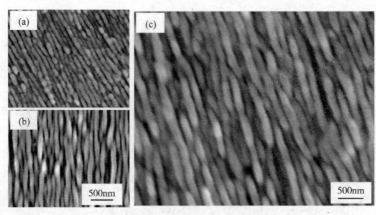

图4.3 两束飞秒激光在 SiC 表面诱导产生
周期性条纹结构的 SEM 图

为了进一步研究两束激光偏振方向夹角不同对周期条纹结构的影响，我们保持水平偏振光束 P_2 的偏振方向不变，逆时针旋转光路 P_1 中的1/2波片，使 P_1 光束的激光偏振方向变为45°。然后获得了双束飞秒激光在偏振夹角为 θ =45°时在 SiC 表面诱导产生条纹结构形貌的 SEM 图，如图4.4 所示，其中，O_1 和 O_2 表示两束飞秒激光单独入射在 SiC 表面诱导产生条纹结构的空间取向，O_{12} 表示两束激光同时作用于 SiC 表面诱导产生条纹结构的空间取向。图4.4(a)和图4.4(b)为两束光单独作用于样品表面时产生的周期性条纹结构 SEM 图，其中单束激光通量为 F =0.28J/cm²；图4.4(c)是双束飞秒激光脉冲同时作用于样品表面时诱导产生的周期条纹结构的 SEM 图。从图4.4(c)上可以测量得到条纹周期约为 Λ =150nm，条纹空间取向倾斜角为 α =25°，约等于两束激光偏振方向夹角的一半。

在实验中，通过逆时针旋转光路 P_1 中的1/2波片，我们得到了其他偏振方向夹角下双光束飞秒激光脉冲在零延迟时，在 SiC 表面诱导产生的周

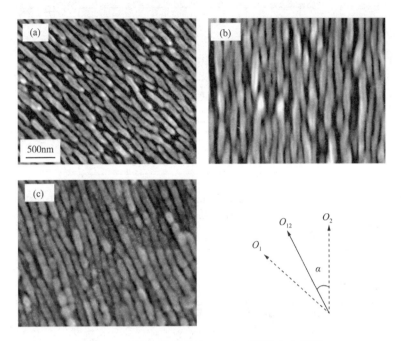

图 4.4　双束飞秒激光在 SiC 表面诱导产生周期
条纹结构的 SEM 图及条纹方向

期条纹结构空间取向的倾斜角随偏振方向夹角变化的依赖关系,如图
4.5(a)所示。此变化曲线接近于线性变化,从曲线上可以看出,在不同偏
振方向夹角情况下,零时间延迟的双脉冲飞秒激光诱导产生的周期性条纹
结构的空间取向倾斜角总是接近于两束激光偏振方向夹角的一半值($\alpha = \theta/2$)。
图 4.5(b)给出了条纹周期随双束激光偏振夹角变化的情况。由图可以看出,双
束激光诱导产生的条纹周期几乎不随它们偏振方向夹角的增大而变化,始终保
持在 $\Lambda = 150$nm 左右。

4.2.2　偏振方向相互垂直的双束飞秒激光作用结果

通过旋转光路中的 1/2 波片,使两束入射激光偏振方向互相垂直,
当时间延迟 $\Delta t = 0$ 时在 SiC 表面诱导产生微结构的 SEM 图,如图 4.6
所示。从该图可看出,当两束激光脉冲偏振方向互相垂直时,样品表
面产生了不规则的球形纳米颗粒,而不再是周期性的条纹结构。这种
结构与第 2 章实验中单束圆偏振飞秒激光诱导产生的表面微结构很
相似。

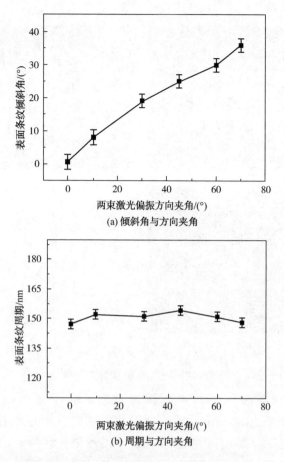

(a) 倾斜角与方向夹角

(b) 周期与方向夹角

图 4.5　条纹方向倾斜角和条纹周期随双束激光
偏振方向夹角的变化关系

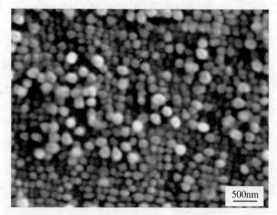

图 4.6　飞秒激光干涉在 SiC 表面诱导产生的
球形纳米颗粒结构 SEM 图

4.3 延迟可调飞秒激光诱导表面条纹结构

利用泵浦–探测技术可以研究界面微结构形貌形成的瞬态物理过程，通过控制飞秒激光脉冲间之间的延迟时间，可以探索表面周期结构随时间的演化过程，从而揭示飞秒激光与材料相互作用的物理机制。为了研究不同偏振方向夹角情况下，双束飞秒激光脉冲时间延迟对诱导产生的周期条纹结构的影响，我们在实验中始终保持水平偏振光束 P_2 滞后入射，且偏振方向不变。通过逆时针旋转 1/2 波片来改变超前入射激光脉冲的偏振方向，同时通过计算机软件控制一维精密平移台的移动来调节两束光之间的时间延迟量。

4.3.1 双束激光偏振方向夹角为 10° 的情况

通过上一节的实验结果可以看出，两束光之间时间延迟 $\Delta t = 0$ 时，在 4H–SiC 样品表面诱导产生周期性条纹方向的倾斜角约为两束光偏振方向夹角的一半，改变偏振方向夹角的大小，其条纹方向倾斜角始终保持在偏振方向夹角的一半左右。那么如果改变两束光之间的时间延迟 Δt，其条纹方向倾斜角是否会变化？为此我们首先研究了偏振方向夹角为 $\theta = 10°$ 时条纹方向倾斜角随时间延迟的变化关系。实验中双束激光之间时间延迟可调范围为 $\Delta t = 0 \sim 100\text{ps}$。图 4.7 给出了偏振方向夹角为 $\theta = 10°$ 时不同时间延迟的双束飞秒激光脉冲在 SiC 样品表面诱导产生的周期性条纹结构的 SEM 图，其中两束激光的总通量为 $F_{\text{total}} = 0.24\text{J/cm}^2$。我们对图上不同延迟时刻的条纹方向倾斜角进行了测量，发现当两束光的时间延迟为 $\Delta t = 0$ 时，条纹方向的倾斜角 $\alpha = 6.9°$；当延迟增大到 $\Delta t = 2\text{ps}$ 时，条纹方向的倾斜角减小到 $\alpha = 5.8°$；继续增大延迟到 $\Delta t = 20\text{ps}$ 时，条纹方向的倾斜角继续减小到 $\alpha = 3.9°$，进一步增大时间延迟（$\Delta t > 20\text{ps}$），发现条纹方向的倾斜角不再减小，而是保持在一个动态的平衡位置。为了更加准确地描述这一变化规律，我们将 $0 \sim 100\text{ps}$ 范围内实验结果中的条纹方向的倾斜角进行了测量，统计结果如图 4.8 所示。我们对实验数据按照指数函数 $\alpha \sim \exp(-t/\Delta t) + M$ 进行了指数拟合，其中 α 为表面条纹倾斜角，Δt 为两束飞秒激光脉冲延时时间，M 为初始值，拟合曲线如图 4.8 中黑色曲线所示，最终拟合公式如下：

$$\alpha = 4.1\exp(-x/7.6) + 2.9 \tag{4.1}$$

从指数拟合公式上可以计算得到时间衰减常数为 $\Delta t_1 = 7.6\text{ps}$。

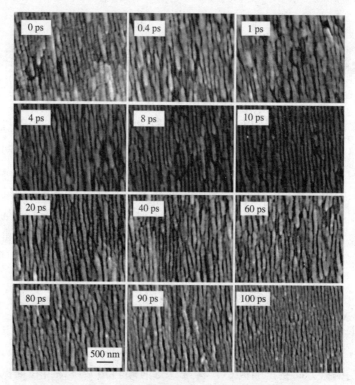

图 4.7　时间延迟双束飞秒激光在 SiC 表面诱导
产生周期条纹结构的 SEM 图

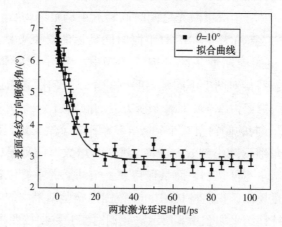

图 4.8　表面条纹方向倾斜角随两束
激光时间延迟的演化关系

4.3.2 双束激光偏振方向夹角为 30° 的情况

上一小节我们发现，当两束光偏振夹角为 $\theta = 10°$ 时，诱导产生的条纹方向倾斜角在 $\Delta t = 0 \sim 20\mathrm{ps}$ 范围内呈指数衰减，在 $\Delta t = 20 \sim 100\mathrm{ps}$ 内保持不变。那么在其他偏振方向夹角情况下是否也出现上述类型现象呢？为此我们给出了两束激光偏振方向夹角为 $\theta = 30°$ 时，它们在不同时间延迟情况下在 SiC 样品表面诱导产生周期性条纹结构的 SEM 图，如图 4.9 所示。我们经过测量发现，当时间延迟 $\Delta t = 0$ 时，条纹方向的倾斜角 $\alpha = 18°$；当延迟增大到 $\Delta t = 2\mathrm{ps}$ 时，条纹方向的倾斜角减小到 $\alpha = 16.8°$；继续增大延迟到 $\Delta t = 10\mathrm{ps}$ 时，条纹方向的倾斜角继续减小到 $\alpha = 14.6°$；当延迟增大到 $\Delta t = 20\mathrm{ps}$ 时，条纹方向倾斜角进一步减小到 $\alpha = 13.5°$；时间延迟进一步增大时，实验发现条纹方向倾斜角不再减小，而是在 $\alpha = 13.5°$ 左右保持不变。

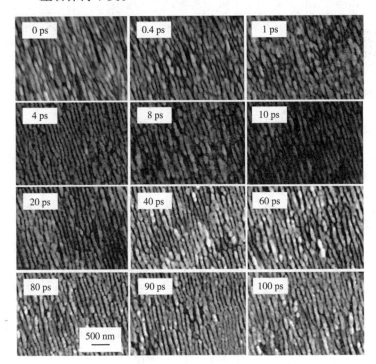

图 4.9　时间延迟双束飞秒激光在 SiC 表面诱导
产生周期条纹结构的 SEM 图

图 4.10 给出了条纹方向倾斜角随两个脉冲时间延迟变化的详细的数据统计。实验中同样对测量的数据点进行了指数拟合，拟合公式如下：

$$\alpha = 5\exp(-x/6.2) + 13.09 \tag{4.2}$$

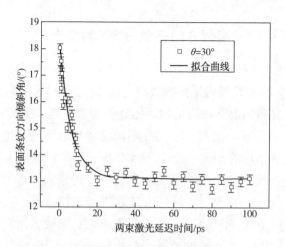

图 4.10　表面条纹方向倾斜角随

两束激光时间延迟的演化关系

计算得到了时间衰减常数为 $\Delta t_1 = 6.2\text{ps}$。从拟合曲线可以看出，在 $\Delta t = 0 \sim 20\text{ps}$ 的时间延迟范围内，诱导产生表面条纹方向的倾斜角呈指数型急剧减小，当时间延迟 $\Delta t > 20\text{ps}$，表面条纹方向的倾斜角几乎不再减小，直至 $\Delta t = 100\text{ps}$。

4.3.3　双束激光偏振方向夹角为 45° 的情况

图 4.11 给出了激光偏振方向夹角为 $\theta = 45°$ 时，双束飞秒激光在 SiC 样品表面诱导产生周期性条纹结构随时间延迟演化的 SEM 图。我们对 SEM 图上条纹方向倾斜角进行了测量，发现当时间延迟 $\Delta t = 0$ 时，条纹方向的倾斜角 $\alpha = 25°$；当延迟增大到 $\Delta t = 2\text{ps}$ 时，条纹方向倾斜角减小到 $\alpha = 23°$；继续增大延迟时间到 $\Delta t = 10\text{ps}$ 时，条纹方向倾斜角继续减小到 $\alpha = 18.3°$；当延迟增大到 $\Delta t = 20\text{ps}$ 时，条纹方向倾斜角进一步减小到 $\alpha = 18°$；若进一步增大延迟时间，则发现条纹方向倾斜角不再继续减小，而是在 $\alpha = 18°$ 左右保持不变。

同样，我们对表面条纹方向倾斜角随时间演化的数据进行统计，如图 4.12 所示。实验中对测量的数据点进行了指数拟合，最终拟合公式如下：

$$\alpha = \exp(-x/6.6) + 18.2 \tag{4.3}$$

计算得到了条纹方向倾斜角的时间衰减常数为 $\Delta t_1 = 6.6\text{ps}$。从拟合曲线可以看出，在 $\Delta t = 0 \sim 20\text{ps}$ 的时间延迟范围内，诱导产生的条纹方向的倾斜角急剧减小，当时间延迟 $\Delta t > 20\text{ps}$，条纹方向的倾斜角几乎不再减小，并且一直保持到了 $\Delta t = 100\text{ps}$。

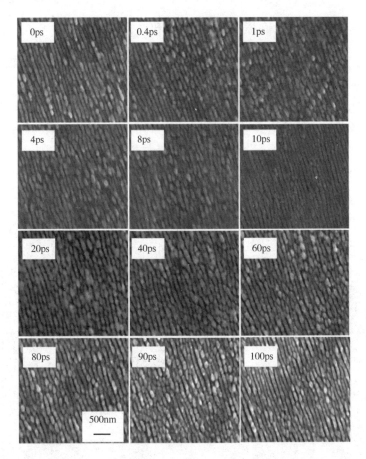

图 4.11　时间延迟双束飞秒激光在 SiC 表面诱导产生
周期条纹结构的 SEM 图

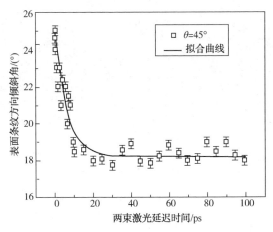

图 4.12　表面条纹方向倾斜角随两束激光时间延迟的演化关系

4.3.4 双束激光偏振方向夹角为 60°的情况

在偏振方向夹角为 $\theta = 60°$时，在不同时间延迟下双束飞秒激光辐照样品表面诱导产生的周期性条纹结构如图 4.13 所示。经测量发现，当时间延迟 $\Delta t = 0$时，条纹方向的倾斜角 $\alpha = 30°$；当延迟增大到 $\Delta t = 2\mathrm{ps}$ 时，条纹方向的倾斜角减小到 $\alpha = 28.1°$；继续增大延迟时间到 $\Delta t = 10\mathrm{ps}$ 时，条纹方向的倾斜角继续减小到 $\alpha = 27°$；当延迟增大到 $\Delta t = 20\mathrm{ps}$ 时，条纹方向的倾斜角进一步减小到 $\alpha = 26.8°$；进一步增大延迟时间，发现条纹方向的倾斜角不再继续减小，而是在 $\alpha = 27°$左右保持不变。

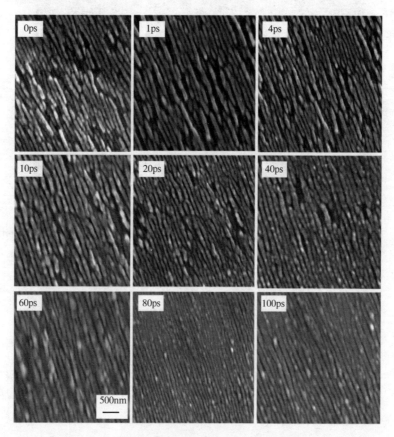

图 4.13 时间延迟双束飞秒激光在 SiC 表面诱导
产生周期条纹结构的 SEM 图

实验中我们对条纹方向倾斜角随时间演化的数据进行统计，如图 4.14 所示。并且对测量的数据点进行了指数拟合，最终拟合如下：

$$\alpha = 3.84\exp(-x/6.1) + 26.2 \tag{4.4}$$

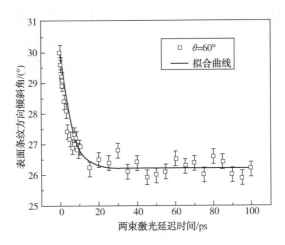

图 4.14　表面条纹方向倾斜角随
两束激光时间延迟的演化关系

　　计算得到了条纹方向倾斜角的时间衰减常数为 $\Delta t_1 = 6.1\,\mathrm{ps}$。由条纹方向倾斜角数据拟合曲线可以看出，在 $\Delta t = 0 \sim 20\,\mathrm{ps}$ 的时间延迟范围内，条纹方向的倾斜角随时间延迟的增大急剧减小，当时间延迟 $\Delta t > 20\,\mathrm{ps}$ 时，条纹方向的倾斜角几乎不再减小，并且在 $\Delta t = 20 \sim 100\,\mathrm{ps}$ 范围内几乎保持不变。

4.4 · 双束飞秒激光诱导表面周期性条纹结构理论分析

　　在这一小节中，我们将对双束飞秒激光在 SiC 表面诱导产生周期性条纹结构方向倾斜角随时间延迟变化的物理机制进行分析，并探索飞秒激光与半导体材料相互作用的瞬态物理过程。通过对第 3 章单束飞秒激光诱导周期性条纹结构的讨论，可知飞秒激光辐照材料界面 SPP 波的激发与产生以及瞬态折射率光栅的产生起了重要作用。

　　当两束飞秒激光脉冲共线同时辐照半导体材料 SiC 时，会在样品表面同时激发产生两束 SPP 波，它们的波矢方向分别平行于两束入射激光的偏振方向。由于在实验中两束激光偏振方向具有一定的夹角，因此两束 SPP 波的传播方向并不共线，而是存在一个夹角 θ。另外，实验中我们保持两束入射激光脉冲的波长和通量均相等，因此相应的两束 SPP 波的波矢量、频率及强度也都完全相等。此时，在空间上共存、频率相等的两个 SPP 波矢会叠加合成一个新的 SPP 波矢量，其方向沿着两束光偏振方向夹角的角平分线。当新的 SPP 波能量强度高于或接近于材料的阈值通量时，便会对样品材料产生周期性的烧蚀去除，最终在 SiC 表面诱导产生周期性的条纹结构。因此当时间延迟 $\Delta t = 0$ 时，双束飞秒激光在样品表面诱导产生的条纹结构空间取向为两束光偏振夹角的一半，理论分析跟图中 4.3(c)实验结果一致。

当两束不同偏振方向的飞秒激光脉冲延时入射时，第一束超前入射飞秒激光辐照 SiC 材料会激发产生沿着材料表面传播的 SPP 波，也即大量自由电子在材料表面上产生周期性的空间分布，同时材料表面激光作用区域的折射率也随着自由电子的重新排布呈现周期性的变化。我们把这种周期性的折射率变化称之为瞬态折射率光栅，光栅的倒格失 $\boldsymbol{K}_g$ 方向平行于入射激光的偏振方向。当第二束延迟入射的飞秒激光脉冲辐照材料表面时，它将与材料表面上的瞬态光栅 $\boldsymbol{K}_g$ 耦合形成新的表面波 $\boldsymbol{K}_{sw}$。由于两束入射激光偏振方向不同，延迟入射的飞秒激光 P_2 的波矢量 $\boldsymbol{K}_{i2}$ 与瞬态光栅矢量 $\boldsymbol{K}_g$ 之间存在一个夹角 θ，如图 4.15(a)所示，其中，$\boldsymbol{K}_g$ 为瞬态光栅的矢量；$\boldsymbol{K}_{i2}$ 为滞后入射激光的波矢量；$\boldsymbol{K}_{sw}$ 为耦合产生的表面波的波矢；θ 为瞬态光栅 $\boldsymbol{K}_g$ 方向与滞后入射激光波矢方向之间的夹角。此时，瞬态光栅 $\boldsymbol{K}_g$，滞后入射激光波矢 $\boldsymbol{K}_{i2}$ 与新的表面波波矢 $\boldsymbol{K}_{sw}$ 满足如下关系：$\boldsymbol{K}_{sw} = \boldsymbol{K}_{i2} + \boldsymbol{K}_g$，如图 4.15(b)所示，其中，$\alpha$ 为条纹方向的倾斜角，r_1 和 r_2 分别表示两束光单独在 SiC 材料诱导产生的条纹方向。根据三角函数关系，表面波 $\boldsymbol{K}_{sw}$ 的大小可以表达为

$$\boldsymbol{K}_{sw}^2 = \boldsymbol{K}_{i2}^2 + \boldsymbol{K}_g^2 + 2\boldsymbol{K}_i 2\boldsymbol{K}_g \cos\theta \qquad (4.5)$$

$$\tan\alpha = \frac{\boldsymbol{K}_g \sin\theta}{\boldsymbol{K}_{i2} + \boldsymbol{K}_g \cos\theta} \qquad (4.6)$$

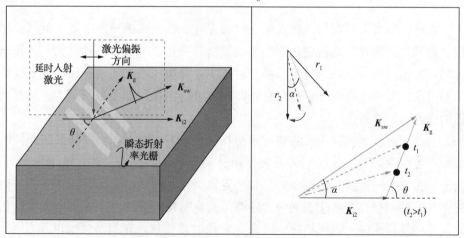

图 4.15　双束飞秒激光脉冲与半导体材料相互作用的瞬态物理过程示意图

式中　K_{i2}——光束 P_2 的波矢；

　　　　α——条纹方向的倾斜角（以延迟入射水平偏振光束单独产生的条纹方
　　　　　　向为参考零点）。

从式（4.6）可以看出，随着两束激光时间的延迟，条纹方向的倾斜角的变化依赖于瞬态光栅 K_g 的变化。在两束飞秒激光辐照 SiC 材料的过程中，随着时间延迟的增大，瞬态折射率光栅矢量 K_g 减小，导致耦合形成的表面波 K_{sw} 的方向发生变化，最终反映在实验结果上就是实验所观察到的条纹方向倾斜角随着两束激光时间延迟的增大而减小，理论解释与实验结果完全相符。实验中在时间延迟为 $0\sim20\mathrm{ps}$ 的范围内，激光诱导产生的条纹方向倾斜角 α 随着时间延迟 Δt 呈指数型快速衰减，这是由于在此过程中伴随着电子-声子的耦合以及俄歇电子的产生与弛豫。

随着两束入射激光时间延迟 Δt 的进一步增大，在 $20\sim100\mathrm{ps}$ 的时间延迟范围内，在 SiC 材料表面诱导产生的条纹方向倾斜角不再继续减小到 $\alpha=0$，而是保持在一个动态的非零平衡位置，如图4.8、图4.10、图4.12 和图4.14 所示，这种现象与金属表面所诱导产生的条纹方向倾斜角随延迟的变化情况不同。在金属 Cu 和 Mo 表面，条纹方向倾斜角在时间延迟 $\Delta t=60\mathrm{ps}$ 时接近于 $\alpha=0$。这是由于飞秒激光辐照 SiC 材料表面会产生热效应，SiC 是典型的半导体材料，相比于金属材料，其热导率很小，随着时间延迟的增大热量在样品表面的扩散速度却很慢，在实验所观察的 $20\sim100\mathrm{ps}$ 之内热效应变化很小且持续很长时间，所以条纹方向的倾斜角会在 $20\sim100\mathrm{ps}$ 内出现一个平台效应。也就是说在最初的 $20\mathrm{ps}$ 时间延迟范围内，体现了样品表面介电常数随时间延迟的增大快速衰减，而在 $20\sim100\mathrm{ps}$ 范围内体现了飞秒激光激发产生的瞬态折射率光栅超表面随时间延迟的持续性。

4.5　飞秒激光诱导 SiC 表面超快动力学过程

飞秒激光的出现使人类第一次在原子和电子的尺度上观察到了超快运动过程，基于科学上的发现，飞秒激光在物理学、生物学、化学、光通信等领域得到了广泛是应用。而飞秒激光由于具有强场、超快和极高的分辨率特性，在医学病变早期诊断、医学成像、生物活体检测等方面都有其独特的优点和不可替代的作用。利用超短激光脉冲组成泵浦-探测系统，可以研究物理、化学、生物学中的基本过程。激光与金属材料的相互作用过程可表现为激光能量在材料表面的沉积，金属材料对激光的吸收和被加热过程可以看作激光光子能量向金属内部的传输和迁移，这种热作用主要体现为光子和电子、电子和晶格的能量传递过程。飞秒激光与金属材料相互作用时，在金属趋肤层厚度内会使大量的自由电子会吸收激光能量，而晶格热容量与电子热容量相比要高得多，因此电子在吸收激光能量后会很快达到高温，当激光脉冲作用结束时，电子和晶格的热弛豫过程还没有完成，此时晶格还处于未加热状态，随后自由电子的热扩散将热量传入到材料内部，再通过电子与晶格耦合过程传递给周围的晶格，最终造成材料表面的等离子体喷射。飞秒激光辐照半导体材料过程中超快光学性质的研究是光与物质相互作用领域的前言研究课题。该过程涉及半导体中载流子的激发、弛豫、输运和复合等诸多基本物理过程。对于金属和半导体材料来讲，由于飞秒激光的脉宽小于电子–声子相互作用的时间尺度，飞秒激光的入射会激发材料内部电子和晶格进入非平衡态。飞秒激光诱导表面周期结构的过程中，在激光辐照微区会产生高密度的载流子，从而引起该区域介电常数的变化，通过表面周期结构随时间的演化就可以获得激光辐照材料表面介电常数变化的瞬态物理过程。

4.5.1　瞬态折射率光栅的演化过程

在上一节中，我们采用瞬态折射率光栅模型成功解释了双束飞秒激光诱导产生表面周期性条纹结构方向的倾斜角随时间延迟变化的实验现象。我们认为，飞秒激光与材料相互作用的过程中，当超前入射的飞秒激光脉冲 P_1 辐照样品表面时，会在样品表面激发产生一个瞬态折射率光栅结构，也称为瞬态折射率超表面。因为瞬态光栅矢量 $K_g = 2\pi/\Lambda$，而滞后入射激光波矢 $K_{i2} = 2\pi/\lambda_0$，则可以得到以下关系式：

$$\frac{K_g}{K_{i2}} = \frac{\lambda_0}{\Lambda} \qquad (4.7)$$

式中　Λ——瞬态光栅周期；

　　　λ_0——滞后入射激光波长。

因此我们通过 K_g 随两束激光时间延迟的变化就可以得到瞬态光栅周期随时间的演化。图 4.16 中给出了两束激光在偏振方夹角分别为 $\theta = 30°$、$\theta = 45°$ 和 $\theta = 60°$ 时，瞬态光栅 K_g 与滞后入射激光波矢的比值随时间的演化关系。结合式 (4.7)，我们可以看出瞬态光栅周期 Λ 随两束激光时间延迟 Δt 的增大而增大，在最初 0～20ps 的时间延迟范围内，瞬态光栅周期呈指数型增大，但是，在

20~100ps 范围内，瞬态光栅周期不再随时间延迟的增大而增大，而是保持在一个平衡位置。这表明，在飞秒激光与半导体材料 SiC 相互作用的过程中，诱导产生的瞬态折射率光栅本身处于动态变化之中。

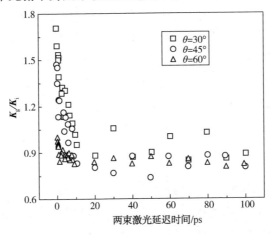

图 4.16　瞬态光栅 K_g 与滞后入射激光波矢
K_{i2} 的比值随时间延迟的演化关系

4.5.2　瞬态介电常数的演化过程

尽管科研人员在研究飞秒激光对材料折射率修饰上研究取得了大量成果，但是仍没有完整的理论模型可以描述激光诱导材料折射率改变的物理机理。材料折射率变化的本质是材料经激光辐照后介电常数的改变，介电常数的变化在宏观上就决定了材料界面的光学及电学性质。

自然界中绝大多数物质通常是由两种或多种不同的物质混合而成，这些物质在微观上表现为非均匀性，为了研究这些混合物质的特性，研究人员通常需要将微观复杂的混合物质表示为宏观均匀的物质。而等效介质理论正是一种用于研究随机混合物质的介电常数、电导率等宏观性质的理论。这种随机混合物质在宏观上表现为均匀性，而在微观上表现为非均匀性。也就是说。在处理时可以把一种物质当作基体物质，另一种物质当作填充物。因此，整个复合二相系统在宏观上的均匀性表示为填充物均匀地分布在基体物质中，而系统在微观上的非均匀性则表现为混合物质是由两种或多种不同物质组成。目前，Maxwell – Garnett 理论是较为常用的等效介质理论，在处理复合二相系统问题方面得到了广泛的应用。

上一节我们研究了瞬态折射率光栅随时间延迟的演化过程，初步探索了飞秒激光与半导体材料相互作用的超快动力学过程。接下来，我们对飞秒激光诱导半导体材料的瞬态介电常数随两束光时间延迟的超快动力学过程进行探究。

　　根据前面的讨论可知，飞秒激光辐照样品材料会在其表面激发产生一个瞬态折射率光栅结构，也就是说此时激光能量在作用区域呈空间周期性的离散分布。这样整个瞬态折射率光栅超表面就是一个复杂的混合系统，此时激光能量未作用区域与激光能量作用区域的介电常数不同，为此我们采用 Maxwell-Garnett(M-G)有效介质理论模型来进行分析。对于飞秒激光脉冲辐照材料表面产生瞬态折射率光栅结构，由于激光能量在空间呈离散化分布，此时可以将激光作用区域与非作用区域等效为连续二相复薄膜系统，根据 M-G 理论，系统的有效介电常数实部由以下公式描述：

$$\varepsilon_{eff} = \varepsilon_1 \left[\frac{\varepsilon_2 + 2\varepsilon_1 + 2f(\varepsilon_2 - \varepsilon_1)}{\varepsilon_2 + 2\varepsilon_1 - f(\varepsilon_2 - \varepsilon_1)} \right] \tag{4.8}$$

式中　ε_{eff}——系统的有效介电常数实部；

　　　ε_1——飞秒激光未作用区域的 SiC 介电常数实部，$\varepsilon_1 = 7.69$；

　　　ε_2——飞秒激光激发区域的介电常数实部；

　　　f——非作用区域与激发区域所占体积分数（$0 < f < 1$）。

　　对于飞秒激光与半导体材料相互作用来讲，介电常数虚部代表材料的吸收，实验中我们通过周期性条纹方向的偏转来探测瞬态介电常数的变化，因此我们可以忽略虚部，只讨论介电常数实部。如果我们令 $\Delta\varepsilon = \varepsilon_1 - \varepsilon_2$，式(4.8)可以写为

$$\Delta\varepsilon = \frac{-3\varepsilon_1}{1 - f - 3f\dfrac{\varepsilon_1}{\varepsilon_{eff} - \varepsilon_1}} \tag{4.9}$$

　　式中 $\varepsilon_{eff} - \varepsilon_1$ 实际上就是飞秒激光辐照 SiC 表面激发产生的瞬态折射率光栅对应的介电常数实部，并且 $\varepsilon_{eff} < \varepsilon_1$。在激光作用的整个过程中激光的圆频率始终不变，我们可以得到 $\omega = 2\pi k_i / (\varepsilon_1^{1/2}) = 2\pi k_g / [(\varepsilon_{eff} - \varepsilon_1)^{1/2}]$，那么 $\varepsilon_{eff} - \varepsilon_1 = -(K_g / K_i)^2$，因此上式可以重新表示为

$$\Delta\varepsilon = \frac{-3\varepsilon_1}{1 - f + 3f\dfrac{\varepsilon_1}{(K_g / K_{i2})^2}} \tag{4.10}$$

　　在上述复合系统中，折射率光栅一直处于瞬态过程，因此占空比 f 没法直接去测量，但是，我们可以根据最终产生的表面条纹结构去推算 f 的大小，经过对条纹结构 SEM 图的测量我们得出占空比：$0.2 < f < 0.8$。实验中我们分别选取了 $f = 0.2$、$f = 0.5$ 和 $f = 0.8$ 三个值来计算。图 4.17 给出了在不同偏振方向夹角情况下，飞秒激光辐照半导体材料 SiC 后瞬态介电常数随时间延迟的演化过

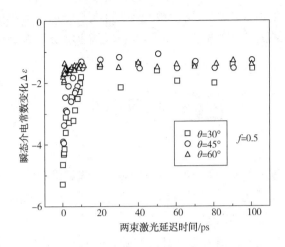

图 4.17　飞秒激光辐照 SiC 表面瞬态介电常数
变化 $\Delta\varepsilon$ 随时间的演化关系

程。从图上可以看出,对于给定的占空比 $f=0.5$,在最初的 10ps 范围内,瞬态介电常数的变化 $\Delta\varepsilon$ 从负的较大值急剧变为负的较小值,随后在 10～100ps 范围内 $\Delta\varepsilon$ 不再随时间延迟的增大而显著变化并保持平衡状态。并且在不同偏振方向夹角情况下,$\Delta\varepsilon$ 的初始值也不一样,这说明在飞秒激光照射半导体材料表面时,偏振方向夹角不同,材料的吸收也不一样。由图我们计算得到了两束入射激光偏振方向夹角分别为 $\theta=30°$、$\theta=45°$ 和 $\theta=60°$ 时,瞬态介电常数的变化 $\Delta\varepsilon$ 的时间衰减常数分别为 5.6ps、6.1ps 和 5.4ps。这一时间常数与图 4.10、图 4.12 和图 4.14 给出的时间常数十分吻合。图 4.18 给出了在不同占空比下,两

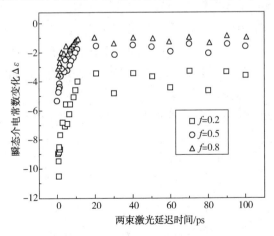

图 4.18　飞秒激光辐照 SiC 表面瞬态介电常数
变化 $\Delta\varepsilon$ 随时间的演化关系

束光偏振方向夹角为 $\theta = 30°$，飞秒激光辐照半导体 SiC 后瞬态介电常数随时间延迟的演化过程。图上可以看出占空比越小，$\Delta\varepsilon$ 越靠近负的较大值。

4.6 本章小结

本章介绍了基于泵浦–探测的双束飞秒激光微加工技术及其在诱导表面周期结构方面的一些研究。双束飞秒激光在材料表面诱导微结构具有无须掩模、周期可控等优点，使得其在诱导表面周期微结构方面具有极大的优势。通过调控两束激光能量、波长、偏振态、脉冲数目、扫描速度等加工参数，可以精准操控飞秒激光光场，从而对表面微结构的周期、形貌、维度等参数进行调节。另外，飞秒激光与材料的相互作用过程是一个非平衡过程，通过对激光诱导材料瞬态过程的调制，可以灵活控制微结构特性，并且可以有效控制材料界面光学性质。本章基于时间延迟可调技术，研究了不同偏振方向的双束飞秒激光脉冲辐照半导体材料 SiC 表面诱导产生周期性条纹结构及其超快动力学过程。

两束飞秒激光干涉时（$\Delta t = 0$），不同偏振方向夹角对 SiC 表面诱导产生周期性条纹结构的影响。实验结果表明，在时间延迟 $\Delta t = 0$ 时，共线传输的双束飞秒激光脉冲诱导产生周期性条纹结构空间取向的倾斜角约为两束光偏振方向夹角的一半。

双束飞秒激光在不同偏振方向夹角情况下，诱导产生的周期性条纹结构方向的倾斜角随时间延迟的变化情况。实验结果表明，在给定偏振方向夹角（$\theta = 10°$、$30°$、$45°$、$60°$）的情况下，条纹方向倾斜角随着时间延迟的增大单调递减。其中在 $0 \sim 20\text{ps}$ 之间，条纹方向倾斜角呈指数衰减；在 $20 \sim 100\text{ps}$ 之间，条纹方向倾斜角不再减小而是保持在一个非零的平衡位置。

飞秒激光作用半导体材料的超快动力学过程。通过 Maxwell–Garnett（M–G）有效介质理论模型，研究了飞秒激光辐照 SiC 样品表面时，瞬态介电常数的变化 $\Delta\varepsilon$ 随着时间延迟的增大而负向减小，计算得到其时间衰减常数与条纹方向倾斜角的衰减常数相吻合。

我们认为，条纹方向倾斜角和瞬态介电常数的变化 $\Delta\varepsilon$ 在 $0 \sim 10\text{ps}$ 呈指数衰减是由于在飞秒激光作用期间电子–声子耦合以及俄歇复合和弛豫过程的存在；条纹方向倾斜角在 $20 \sim 100\text{ps}$ 内保持在一定的平衡位置（而不是减小到零）是由于样品为典型的半导体材料，与金属相比具有较小的热导率，因此在此时间延迟范围内，热量在材料表面还来不及向周围扩散，也就是说瞬态折射率光栅一直持续并未随着时间延迟的增大而逐渐消失。

综上所述，对飞秒激光与材料的相互作用过程的研究虽然取得了大量的丰硕成果，但还没有形成统一的认识。就目前来说，通过研究材料界面的飞秒激光微纳制备，可以扩展对光与物质相互作用的认识。

第 5 章

三束飞秒激光制备一维表面周期结构

随着飞秒激光技术的日益成熟，通过精确控制飞秒激光加工参数可以设计和制备多级微纳米结构。飞秒激光脉冲能够产生强场超快的极端物理条件，与材料相互作用时会出现一些新奇的实验现象，这些新的现象和新的效应极大丰富和拓展了人们对光与物质相互作用的认识。飞秒激光提供的强场超快物理条件，可以改变材料表面的瞬态物理性质，通过对激光辐照材料表面瞬态物理过程的精确调制，将会实现多级周期微纳结构的可控制备，从而为设计和指导功能性光电子器件提供思路。

飞秒激光多维光场操控是构筑具有特定功能性界面微结构的有效方法，多光束泵浦-探测技术可以用于探究微结构形成的瞬态物理过程，通过对基于泵浦-探测技术的飞秒激光光场操控，可以直接对瞬态折射率光栅进行调制，进而实现材料界面微结构的可控制备。本章将采用三束飞秒激光脉冲，通过多维光场操控技术对 4H-SiC 材料表面周期微结构的形成进行实验研究。在实验中，通过观测不同时间延迟情况下诱导产生的表面微结构空间形貌特征，进一步探究飞秒激光与材料相互作用过程的瞬态物理效应，获得激光光场调制对表面微结构的调控机理，从而为设计和指导功能性微结构界面提供理论指导。

5.1　三束飞秒激光微加工系统

在第4章基于马赫–曾德干涉系统的双束飞秒激光微加工实验装置的基础上，本章通过再引入另外一路时间延迟光路，来实现三束飞秒激光脉冲在空间上的共线重合和时间上的延迟可调，为此我们自行搭建了基于马赫–曾德干涉技术的三光束飞秒激光微加工实验装置。

图5.1为基于马赫–曾德干涉技术的三光束飞秒激光微加工实验装置示意图，其中 BS 为半反半透分束片；E_1、E_2、E_3 分别为激光脉冲 P_1、P_2 和 P_3 的电场方向；τ 为入射激光脉宽；λ 为输出激光的中心波长；L 为4倍显微物镜。Δt_1 为光束 P_1 和 P_2 之间的时间延迟；Δt_2 为光束 P_2 和 P_3 之间的时间延迟。从飞秒激光放大系统输出的线偏振飞秒激光脉冲首先依次经过半透半反镜 BS_1 和 BS_2 被分成强度相等的三个光束 P_1、P_2 和 P_3。然后在光路 P_1 和 P_3 中分别放置 1/2 波片，以便灵活调节其中激光的偏振方向；光路 P_2 和 P_3 中分别放置一个由一维精密电动平移台控制的光学延迟线装置，其最大时间延迟可达到160ps。随后三束激光分别通过 BS_3 和 BS_4 合束镜后在空间上实现共轴传输，并经过4

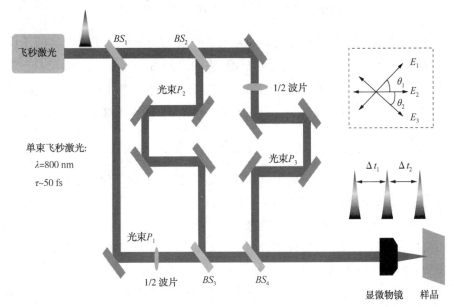

图5.1　基于马赫–曾德干涉系统的三光束飞秒激光微加工实验装置图

倍显微物聚焦于样品表面。样品固定在三维精密电动平移台上。同时，三束光路中均放置有中性密度衰减片，用来调节各自的激光强度。实验中，样品表面三束激光在空间上的重合和零时间延迟点的确定是通过选择其中任意两个光束来实现。整个实验通过划线扫描的方式进行激光直写操作。为了防止激光能量过大和避免激光击穿空气产生等离子体对实验的影响，将样品放置在激光焦点前 $300\mu m$ 的地方。实验结束后，将样品放置在丙酮溶液中进行超声波清洗 10min 左右。采用扫描电子显微镜 SEM 和原子力显微镜 AFM 对实验结果进行观测和表征。实验中我们先拟定以下实验参数：Δt_1 为光束 P_1 和 P_2 之间的时间延迟；Δt_2 为光束 P_2 和 P_3 之间的时间延迟；θ_1 为光束 P_1 和 P_2 偏振方向之间的夹角；θ_2 为光束 P_2 和 P_3 偏振方向之间的夹角。如无特别说明，光束 P_2 的偏振始终沿水平方向，并且保持三束激光的入射通量均相等。条纹方向倾斜角的测量是以最后入射激光 P_3 单独作用产生的条纹方向为参考。

5.2 三束飞秒激光偏振夹角为 $\theta_1 = \theta_2 = 30°$

5.2.1 前两个光束时间延迟为 10ps 时的情况

首先，采用三光束单独入射的方法在 SiC 表面诱导产生了周期性的条纹结构，如图 5.2 所示。其中，三束激光偏振方向之间的夹角为 $\theta_1 = \theta_2 = 30°$，单个激光脉冲的峰值通量为 $F = 0.24J/cm^2$。在这种情况下，激光诱导产生高空间频率(HSF)的条纹结构，其空间周期约为 $\Lambda = 150nm$，并且条纹结构方向垂直于入射激光的偏振方向。

实验中保持三束激光偏振方向之间的夹角不变，激光在样品表面的扫描速度为 $v = 0.1mm/s$，离焦 $L = 0.3mm$(如无特别说明，v 和 L 保持不变)。当三束激光的通量都减低到 $F = 0.07J/cm^2$ 时，我们发现三束光分别单独入射在样品表面的不同位置上时均不会产生周期性条纹结构；如果让三束光共同作用于样品表面的同一位置上时，我们首次观察到了新的周期性条纹结构。图 5.3 给出了三束激光时间延迟为 $\Delta t_1 = 10ps$、$\Delta t_2 = 42ps$ 时产生表面条纹结构的 SEM 图。图 5.3(b)为图 5.3(a)的 AFM 图，图 5.3(c)为相应条纹结构的深度变化曲线。从这些图中可以看出，具有不同偏振方向和给定时间延迟的三束飞秒激光在 SiC 表面诱导产生的条纹结构，既不同于单束激光也不同于双束激光的作用情况。

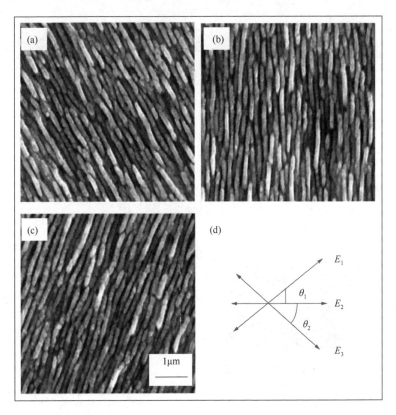

图 5.2　激光单独入射在 SiC 表面诱导产生周期条纹结构及其入射光的偏振方向

具体来说包含以下几个特征：

①条纹结构的空间取向既不垂直也不平行于其中任意一束激光的偏振方向；

②诱导产生的条纹结构表面形貌干净且规整；

③从图 5.3(c) 可以计算得到条纹结构的空间周期为 $\Lambda = 680\text{nm}$，因此可被称作为低空间频率(LSF)条纹；

④条纹结构的深度约为 180nm，沟槽宽度约为 180nm，条纹凸脊的占空比约为 0.73。

这是我们首次在半导体 SiC 材料表面观察到这种低空间频率、宽刻槽、表面规整的高质量条纹结构，它完全不同于单束激光脉冲诱导产生的情况，而是类似于金属表面诱导产生的条纹结构。图 5.4 给出了图 5.3(a) 的二维快速傅里叶变换(FFT)图。图上亮斑的排列方向反映了条纹结构的空间规整性和条纹排列的空间取向。

接下来我们探究三光束之间的时间延迟对表面周期性条纹结构产生的影响。第一束光 P_1 先入射，第二束光 P_2 滞后于 P_1 入射，第三束光滞后于 P_2 入射。

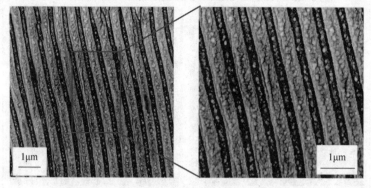

(a) 光学表征

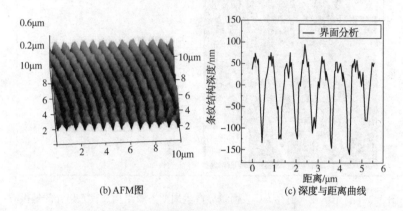

(b) AFM图

(c) 深度与距离曲线

图 5.3　三光束飞秒激光在 SiC 材料诱导 LSF 条纹结构及其光学表征

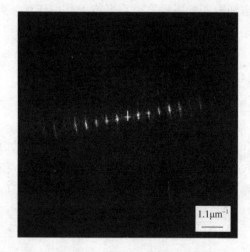

图 5.4　图 5.3(a)的快速傅里叶变换图

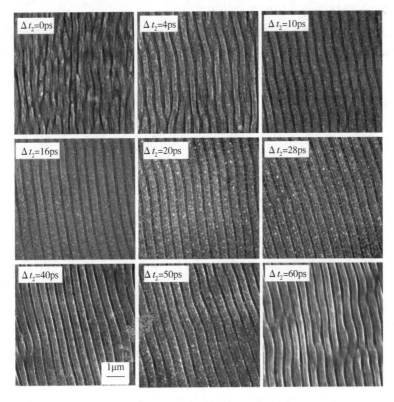

图 5.5　三束飞秒激光在 SiC 表面诱导产生的
LSF 条纹结构随 Δt_2 变化的 SEM 图

图 5.5 给出了三束激光偏振方向夹角为 $\theta_1 = \theta_2 = 30°$、$\Delta t_1 = 10\mathrm{ps}$ 时，在不同延迟时间 $\Delta t_2 = 0 \sim 60\mathrm{ps}$ 范围内诱导产生的周期性条纹结构，其中三束飞秒激光的总通量为 $F_{\mathrm{total}} = 0.21\mathrm{J/cm^2}$。从该图中可以看出，当时间延迟 $\Delta t_2 = 0$ 时，即光束 P_2 和 P_3 同时入射时，在样品表面诱导产生了 LSF 条纹结构（条纹形貌或多或少有弯曲的现象），测量获得条纹方向的倾斜角 $\alpha = 30°$，或者说此时诱导产生的条纹结构方向基本与第二束光 P_2 单独作用产生的条纹结构方向相一致［图 5.3（b）］。随着时间延迟 Δt_2 的增大，条纹结构方向的倾斜角发生了逆时针偏转。当时间延迟增大到 $\Delta t_2 = 10\mathrm{ps}$ 时，观察发现 LSF 条纹结构规整性得到了很大提升，与 $\Delta t_2 = 0$ 时相比，条纹结构的沟槽宽度有明显加宽，这表明条纹凸脊的占空比减小，此时测得的条纹方向的倾斜角 $\alpha = 42.5°$。如果将时间延迟继续增大到 $\Delta t_2 = 40\mathrm{ps}$，则产生的周期性条纹结构继续保持较高的规整性，且实验测得条纹方向的倾斜角 $\alpha = 45.5°$。然而，当时间延迟进一步增大到 $\Delta t_2 = 60\mathrm{ps}$ 时，实验观察发现 LSF 条纹方向的倾斜角将不再继续增大，而是减小到 $\alpha = 40.5°$，

同时，LSF 条纹结构的形貌质量开始下降。

我们对上述条纹方向倾斜角随时间延迟 Δt_2 的变化情况进行了统计测量，结果如图 5.6 所示。从中可以看出，当给定 $\Delta t_1 = 10\text{ps}$ 时，在 $\Delta t_2 = 0 \sim 20\text{ps}$ 的变化范围内，三束飞秒激光在 SiC 表面诱导产生 LSF 条纹结构方向的倾斜角随着时间延迟 Δt_2 增大呈指数增加趋势；在 $\Delta t_2 = 20 \sim 40\text{ps}$ 的范围内条纹方向倾斜角开始缓慢增加；$\Delta t_2 > 40\text{ps}$ 以后条纹方向倾斜角随着时间延迟 Δt_2 的增大不再增加而是开始减小；当 $\Delta t_2 = 60\text{ps}$ 时，条纹方向的倾斜角减小到了 $\alpha = 40.5°$。

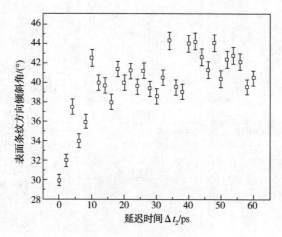

图 5.6　LSF 条纹方向倾斜角随时间延迟 Δt_2 的变化关系

图 5.7 和图 5.8 给出了偏振方向夹角为 $\theta_1 = \theta_2 = 30°$ 时，三束飞秒激光在 SiC 表面诱导产生的条纹周期和占空比随时间延迟 Δt_2 的变化关系。从图上可以看出，条纹结构周期的变化范围为 $\Lambda = 518 \sim 707\text{nm}$。在 $\Delta t_2 = 0$ 时，条纹结构周期 $\Lambda = 518\text{nm}$，随着时间延迟 Δt_2 的增大，条纹结构周期急剧增大，当时间延迟

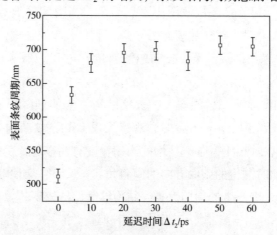

图 5.7　表面条纹结构周期随时间延迟 Δt_2 的变化关系

增大到 $\Delta t_2 = 20\text{ps}$ 时，条纹结构周期基本稳定在 $\Lambda = 700\text{nm}$ 左右。从条纹结构占空比的变化情况可以看出，除了 $\Delta t_2 = 0$ 的情况外，其余时间延迟情况下条纹结构的占空比基本保持在 0.73 的水平。另外，我们对表面条纹结构的深度进行了实验测量，它随时间延迟 Δt_2 的变化关系如图 5.9 所示，显然激光诱导产生的 LSF 条纹沟槽的深度随时间延迟 Δt_2 的增大而逐渐单调递减。

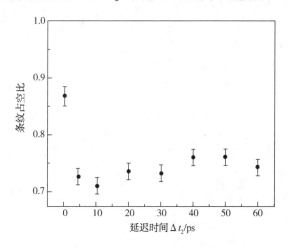

图 5.8　表面条纹结构占空比随时间

延迟 Δt_2 的变化关系

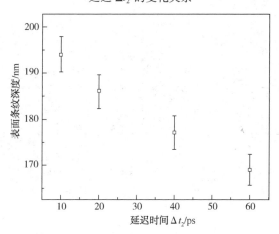

图 5.9　激光诱导 LSF 条纹结构沟槽深度随 Δt_2 的变化关系

5.2.2　前两个光束时间延迟为 20 ps 时的情况

图 5.10 给出了 $\Delta t_1 = 20\text{ps}$ 时，三束飞秒激光在 SiC 表面诱导产生的 LSF 条结构随时间延迟 Δt_2 变化的 SEM 图。从图中可以看出，当光束 P_2 和 P_3 同时入

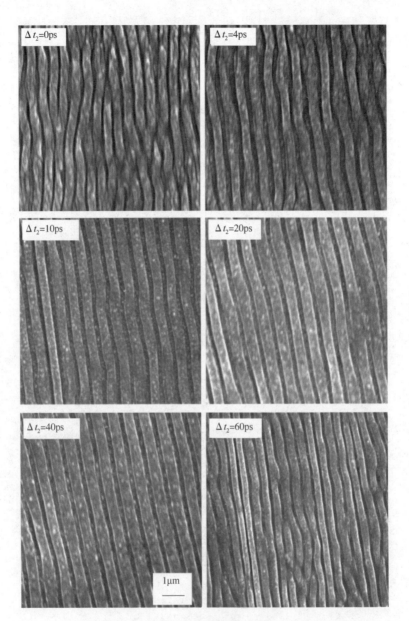

图 5.10　三束飞秒激光在 SiC 表面诱导产生的

LSF 条结构随 Δt_2 的变化

射即 $\Delta t_2 = 0$ 时，在半导体材料 SiC 表面诱导产生了 LSF 周期性条纹结构，条纹方向倾斜角测量为 $\alpha = 29°$，此时条纹结构形貌有弯曲的迹象，类似于图 5.5 中 $\Delta t_2 = 0$ 时的情况。随着后入射两束光时间延迟 Δt_2 的增大，条纹方向倾斜角度发生了逆时针偏转。当时间延迟增大到 $\Delta t_2 = 10 \text{ps}$ 时，实验测量得到条纹方向

的倾斜角 $\alpha=39.5°$，并且我们发现诱导产生的 LSF 条纹结构形貌规整性有了较大程度的提高，与 $\Delta t_2=0$ 时的情况相比较，此时条纹结构的沟槽宽度有明显加宽，条纹占空比减小。当滞后入射的两束光时间延迟继续增大到 $\Delta t_2=40\text{ps}$ 时，实验测得条纹方向的倾斜角 $\alpha=44.2°$，并且其表面周期条纹结构的规整性得以保持。但是，当时间延迟继续增大到 $\Delta t_2=60\text{ps}$ 时，我们发现条纹方向的倾斜角将不再继续增大，而是减小到 $\alpha=39.8°$，并且周期性条纹结构规整性也有所下降。

根据所获得周期性条纹结构的 SEM 图，我们对条纹方向倾斜角进行了详细统计测量。图 5.11 给出了当 $\Delta t_1=20\text{ps}$ 时，三束飞秒激光在 SiC 表面诱导产的 LSF 条纹结构方向倾斜角随时间延迟 Δt_2 变化的关系。总体上看条纹方向倾斜角的变化曲线在 $\Delta t_2=0\sim60\text{ps}$ 延迟范围内呈先增大然后减小的态势。具体来说就是，在最初 $\Delta t_2=20\text{ps}$ 的时间延迟范围内，条纹方向倾斜角迅速增大；在 $\Delta t_2=20\sim42\text{ps}$ 的范围内，条纹方向倾斜角增大的趋势变缓；当 $\Delta t_2>42\text{ps}$ 后，条纹方向的倾斜角开始单调减小。

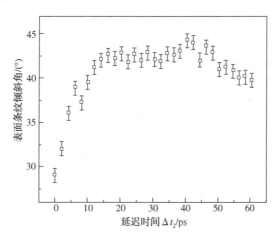

图 5.11　表面条纹方向倾斜角随 Δt_2 的变化关系

此外，我们还对条纹结构空间周期随时间延迟的变化进行了测量和统计，图 5.12 给出了偏振方向夹角为 $\theta_1=\theta_2=30°$ 时，三光束飞秒激光在 SiC 表面诱导产生的条纹周期和占空比随延迟时间 Δt_2 的变化关系。从图上可以看出，条纹结构的空间周期变化范围为 $\Lambda=575\sim692\text{nm}$；在 $\Delta t_2=0$ 时，条纹结构周期 $\Lambda=575\text{nm}$；随着时间延迟 Δt_2 的增大，条纹结构周期急剧增大；当时间延迟增大到 $\Delta t_2=20\text{ps}$ 时，条纹结构周期接近最大值 $\Lambda=692\text{nm}$；在 $\Delta t_2=20\sim60\text{ps}$ 内，条纹结构周期略减小。从条纹占空比的变化情况可以看出，除了 $\Delta t_2=0$ 的情况外，在 $\Delta t_2 = 10 \sim 30 \mathrm{ps}$ 范围内条纹占空比基本保持在 0.72 的水平；在 $\Delta t_2 = 30 \sim$ 60ps 范围内，条纹占空比略有增大。

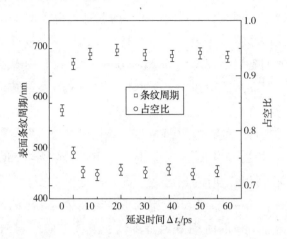

图 5.12　表面条纹结构周期和占空比随 Δt_2 的变化关系

5.2.3　前两个光束时间延迟为 60ps 时的情况

图 5.13 给出了 $\Delta t_1 = 60 \mathrm{ps}$ 时，三束飞秒激光在 SiC 表面诱导产的 LSF 条结构随时间延迟 Δt_2 变化的 SEM 图。由该图可知，在 $\Delta t_2 = 0$ 时，诱导产生的 LSF 周期性条纹结构方向的倾斜角为 $\alpha = 32°$，条纹结构伴随有弯曲的迹象。随着两束光时间延迟 Δt_2 的增大，条纹方向倾斜角度发生了逆时针偏转。当时间延迟增大到 $\Delta t_2 = 10 \mathrm{ps}$ 时，条纹方向的倾斜角度增大到 $\alpha = 57.6°$。并且发现条纹结构形貌规整性有了较大提高，与 $\Delta t_2 = 0$ 时的情况相比较，条纹结构的沟槽宽度有明显加宽。当滞后入射的两束光时间延迟继续增大到 $\Delta t_2 = 40 \mathrm{ps}$，实验测量得到条纹方向的倾斜角没有继续增大而是减小到了 $\alpha = 44°$，但是表面条纹结构规整性得以保持。当时间延迟继续增大到 $\Delta t_2 = 60 \mathrm{ps}$ 时，条纹方向的倾斜角继续减小到 $\alpha = 32.5°$，并且发现周期性条纹结构规整性有所下降。

我们对实验测得的条纹方向倾斜角度进行了统计。图 5.14 给出了当 $\Delta t_1 = 60 \mathrm{ps}$ 时，三束飞秒激光在 SiC 表面诱导产的 LSF 条结构方向倾斜角随时间延迟 Δt_2 变化的关系。总体上来看，在 $\Delta t_2 = 0 \sim 60 \mathrm{ps}$ 的时间延迟范围内条纹方向倾斜角先增大后减小。在时间延迟 $\Delta t_2 = 10 \mathrm{ps}$ 时，条纹方向倾斜角达到最大值 $\alpha = 57.6°$；随后随着时间延迟 Δt_2 的增大，条纹方向的倾斜角开始单调减小。

图 5.15 给出了偏振方向夹角为 $\theta_1 = \theta_2 = 30°$ 时，三光束飞秒激光在 SiC

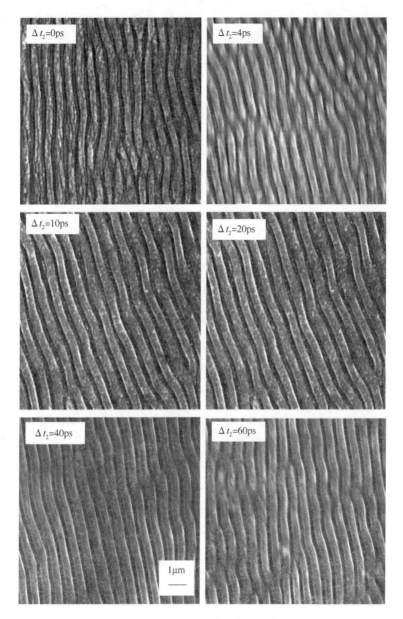

图 5.13 三束飞秒激光在 SiC 表面
诱导产生的 LSF 条纹结构

表面诱导产生的条纹周期和占空比随时间延迟 Δt_2 的变化关系。从图上可以看出，在最初的 $\Delta t_2 < 10 ps$ 的范围内，条纹结构周期随着时间延迟 Δt_2 的增大而快速增大；在 $\Delta t_2 = 20 \sim 60 ps$ 的范围内，条纹结构周期随时间延迟的增大而快速减小。从条纹占空比的变化情况来看，在 $\Delta t_2 = 0 \sim 10 ps$ 的范围内，

条纹占空比随时间延迟的增大而减小；在 $\Delta t_2 = 20 \sim 60\,\mathrm{ps}$ 范围内，表面条纹占空比基本保持不变。

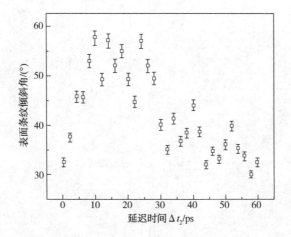

图 5.14   条纹方向倾斜角随时间延迟 Δt_2 的变化关系

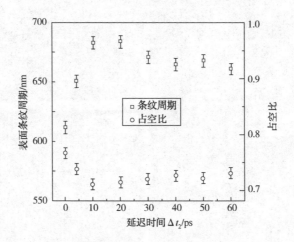

图 5.15   表面条纹结构周期和占空比随 Δt_2 的变化关系

5.3   三束飞秒激光偏振夹角为 $\theta_1 = \theta_2 = 45°$

接下来通过旋转放置在光路 P_1 和 P_3 中的 1/2 波片，使三束激光之间的偏振夹角为 $\theta_1 = \theta_2 = 45°$。激光扫描速度保持为 $0.1\,\mathrm{mm/s}$。

5.3.1　前两个光束时间延迟为 10ps 时的情况

图 5.16 给出了偏振方向夹角为 $\theta_1 = \theta_2 = 45°$、$\Delta t_1 = 10\text{ps}$ 时，三束飞秒激光

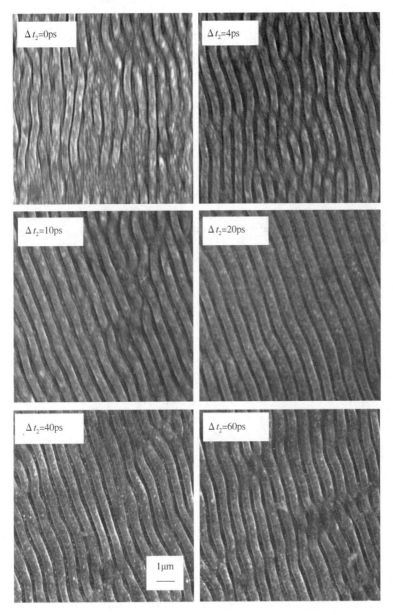

图 5.16　三束飞秒激光在 SiC 表面诱导产的 LSF
表面条纹随 Δt_2 变化的 SEM 图

在时间延迟 $\Delta t_2 = 0 \sim 60 \mathrm{ps}$ 范围内在半导体材料 SiC 表面诱导产生周期性条纹结构的 SEM 图。由图可以看出，当时间延迟 $\Delta t_2 = 0$ 时，三束飞秒激光脉冲在样品表面诱导产生了 LSF 条纹结构，但是条纹结构形貌有弯曲的现象，测量得到条纹方向的倾斜角 $\alpha = 45°$，条纹结构空间取向垂直于第二束光 P_2 的偏振方向。当时间延迟 Δt_2 增大时，条纹方向的倾斜角发生了偏转。当时间延迟增大到 $\Delta t_2 = 10 \mathrm{ps}$ 时，测量得到条纹方向的倾斜角 $\alpha = 80°$。并且 LSF 条纹结构规整性有了很大程度的提升，与 $\Delta t_2 = 0$ 时的情况相比较，此时条纹结构的沟槽宽度有了明显的加宽。如果时间延迟 Δt_2 继续增大，则条纹方向的倾斜角不再增大而是开始减小，但是条纹规整性得到了保持。当时间延迟进一步增大到 $\Delta t_2 = 60 \mathrm{ps}$ 时，我们发现条纹方向的倾斜角减小到 $\alpha = 62°$，且此时表面条纹结构规整性开始下降。

依据对周期性条纹结构的大量观测，我们对条纹方向的倾斜角度进行了统计分析，图 5.17 所示为 $\Delta t_1 = 10 \mathrm{ps}$ 时，三束飞秒激光在 SiC 表面诱导产的 LSF 条纹方向倾斜角随时间延迟 Δt_2 变化的关系。从图上可以看出，在 $\Delta t_2 = 0 \sim 60 \mathrm{ps}$ 的时间延迟范围内，条纹方向倾斜角随着时间延迟先增大后减小。当 $\Delta t_2 = 10 \mathrm{ps}$ 时，条纹方向倾斜角达到最大值 $\alpha = 80°$；在 $\Delta t_2 = 10 \sim 60 \mathrm{ps}$ 范围内条纹方向的倾斜角开始单调减小。

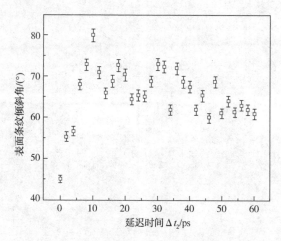

图 5.17　表面条纹方向倾斜角随时间
延迟 Δt_2 的变化关系

在偏振方向夹角为 $\theta_1 = \theta_2 = 45°$ 的条件下，三束飞秒激光在 SiC 表面诱导产生的条纹结构的周期和占空比随时间延迟 Δt_2 的变化关系如图 5.18 所示。由图可知，在最初的 $\Delta t_2 = 0 \sim 20 \mathrm{ps}$ 的范围内，条纹周期随着时间延迟 Δt_2 的增大而增大；在 $\Delta t_2 = 20 \sim 60 \mathrm{ps}$ 范围内，条纹周期随时间延迟的增大而减小。从条纹占空比的变化情况来看，$\Delta t_2 = 0 \sim 20\,\mathrm{ps}$ 范围内的条纹占空比随时间延迟的增大而减小；在 $\Delta t_2 = 20 \sim 60\,\mathrm{ps}$ 范围内，条纹占空比基本保持不变。

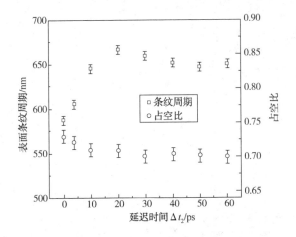

图 5.18　三束飞秒激光在 SiC 表面诱导产生条纹
周期和占空比随 Δt_2 的变化关系

5.3.2　前两个光束时间延迟为 60ps 时的情况

在偏振方向夹角为 $\theta_1 = \theta_2 = 45°$、$\Delta t_1 = 60\,\mathrm{ps}$、$F_{\mathrm{total}} = 0.21\,\mathrm{J/cm^2}$ 的条件下，三束飞秒激光在半导体 SiC 表面诱导产生周期性 LSF 条纹结构随时间延迟 Δt_2 变化情况如图 5.19 所示。由该图可知，当时间延迟 $\Delta t_2 = 0$ 时，实验测得条纹方向的倾斜角 $\alpha = 50°$，但是条纹结构形貌依旧伴随有弯曲的现象，条纹方向与第二束光 P_2 单独诱导产生的条纹的方向一致。当时间延迟增大到 $\Delta t_2 = 10\,\mathrm{ps}$ 时，测得条纹方向的倾斜角 $\alpha = 84.6°$，条纹结构的空间取向接近于第一束光 P_1 单独入射在 SiC 表面诱导产生的条纹结构方向。与 $\Delta t_2 = 0$ 时的情况相比较，条纹结构的沟槽宽度有了明显的加宽，并且 LSF 条纹结构的规整性有了很大提升。随着时间延迟 Δt_2 继续增大，条纹方向的倾斜角不再继续增大而是开始减小，但是表面条纹规整性得到了保持。当时间延迟进一步增大到 $\Delta t_2 = 60\,\mathrm{ps}$ 时，测量发现条纹方向的倾斜角减小到 $\alpha = 55.8°$，且条纹结构表面的规整性开始下降。

接下来再次对条纹方向倾斜角度进行了测量和统计。图 5.20 给出了当 $\Delta t_1 = 60\,\mathrm{ps}$ 时，三束飞秒激光在 SiC 表面诱导产生的 LSF 条纹方向倾斜角随时间延迟 Δt_2 变化的关系。从整体上来说，在 $\Delta t_2 = 0 \sim 60\,\mathrm{ps}$ 范围内条纹方向倾斜角随着时间延迟的增大先增大后减小；在 $\Delta t_2 = 0 \sim 10\,\mathrm{ps}$ 范围内，条纹方向倾斜角

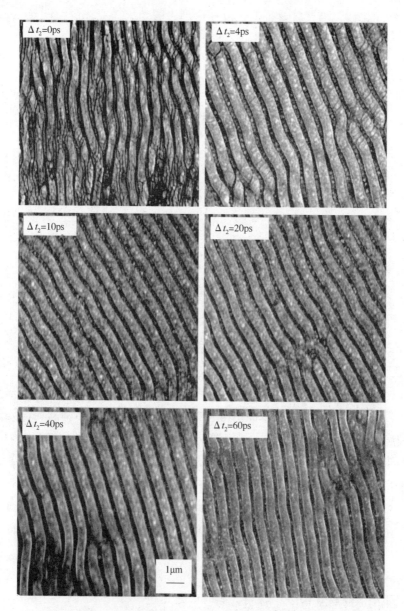

图 5.19   三束飞秒激光在 SiC 表面诱导产的 LSF
表面条纹随 Δt_2 变化的 SEM 图

随时间延迟快速增大；当 $\Delta t_2 = 10\text{ps}$ 时，条纹方向倾斜角增大到最大值 $\alpha = 84.6°$；$\Delta t_2 > 10\text{ps}$ 之后，条纹方向的倾斜角开始单调减小。

图 5.21 给出了在偏振方向夹角为 $\theta_1 = \theta_2 = 45°$ 的条件下，三束飞秒激光在 SiC 表面诱导产生的条纹结构周期和占空比随时间延迟 Δt_2 的变化关系。由该图

可知，在 $\Delta t_2 = 0 \sim 10\text{ps}$ 的范围内，条纹结构周期随着时间延迟 Δt_2 的增大而增大；在 $\Delta t_2 = 20 \sim 60\text{ps}$ 范围内，条纹周期随时间延迟的增大而减小。从条纹占空比的变化情况来看，在 $\Delta t_2 = 0$ 时条纹占空比稍大；在 $\Delta t_2 = 10 \sim 60\text{ps}$ 范围内，条纹占空比趋于稳定并基本保持在 0.72 左右。

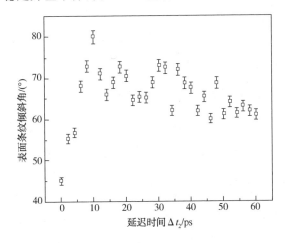

图 5.20　表面条纹方向倾斜角随 Δt_2 的变化关系

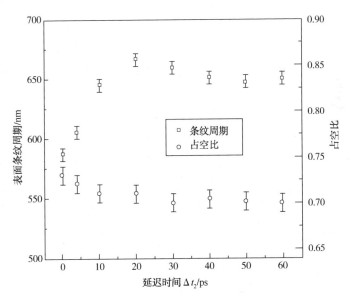

图 5.21　表面条纹结构周期和占空比随 Δt_2 的变化关系

5.4 三束飞秒激光偏振夹角为 $\theta_1 = \theta_2 = 60°$

实验中，通过旋转放置在光路 P_1 和 P_3 中的 1/2 波片，使得三束激光之间的偏振夹角为 $\theta_1 = \theta_2 = 60°$。激光扫描速度保持为 0.1mm/s。

5.4.1 前两个光束时间延迟为 10ps 时的情况

在偏振方向夹角为 $\theta_1 = \theta_2 = 60°$、$\Delta t_1 = 10$ps 的条件下，三束飞秒激光在半导体材料 SiC 表面诱导产生周期性 LSF 条纹结构随 Δt_2 的变化情况如图 5.22 所示。在时间延迟 $\Delta t_2 = 0$ 时，实验测得条纹方向的倾斜角 $\alpha = 48°$，此时条纹结构的规整性不高。随着时间延迟 Δt_2 的增大，条纹方向的倾斜角发生了逆时针偏转。当时间延迟增大到 $\Delta t_2 = 10$ps 时，测得条纹方向的倾斜角 $\alpha = 110°$，与 $\Delta t_2 = 0$ 时的情况相比较，条纹结构的沟槽宽度有了明显加宽，并且 LSF 条纹结构规整性有了很大程度的提升；当时间延迟增大到 $\Delta t_2 = 20$ps 时，条纹方向的倾斜角增大到 $\alpha = 120°$，在这种情况下条纹结构的空间取向接近于第一束光 P_1 单独入射到 SiC 表面诱导产生的条纹方向。随着时间延迟 Δt_2 继续增大，条纹方向的倾斜角不再继续增大而是开始减小，但是表面条纹结构的规整性得到了保持。当时间延迟进一步增大到 $\Delta t_2 = 60$ps 时，测量发现条纹方向的倾斜角减小到 $\alpha = 85°$，条纹结构表面的规整性开始下降。

图 5.23 给出了当 $\Delta t_1 = 10$ps，$F_{\text{total}} = 0.21$J/cm^2 时，三束飞秒激光在 SiC 表面诱导产的 LSF 条纹方向倾斜角随时间延迟 Δt_2 变化的关系。整体而言，在时间延迟 $\Delta t_2 = 0 \sim 60$ps 范围内条纹方向倾斜角随着时间延迟先增大后减小。具体来说，在 $\Delta t_2 = 0 \sim 20$ps 的范围内，条纹方向倾斜角随时间延迟的增大快速增大，当 $\Delta t_2 = 20$ps 时，条纹方向倾斜角增大到最大值 $\alpha = 120°$；但是 20ps 之后条纹方向的倾斜角开始单调减小。

图 5.24 给出了在偏振方向夹角为 $\theta_1 = \theta_2 = 60°$ 的条件下，三束飞秒激光在 SiC 表面诱导产生条纹结构的周期和占空比随时间延迟 Δt_2 的变化关系。由图可知，在 $\Delta t_2 = 0 \sim 20$ps 范围内，条纹结构周期随着时间延迟 Δt_2 的增大而增大；在 $\Delta t_2 = 20 \sim 60$ps 范围内，条纹结构周期随时间延迟的增大而稍微减小。从条纹占空比的变化情况来看，$\Delta t_2 = 0$ 对应的条纹占空比最大；在 $\Delta t_2 = 10 \sim 60$ps 范围内，条纹占空比趋于稳定并基本保持在 0.71 附近。

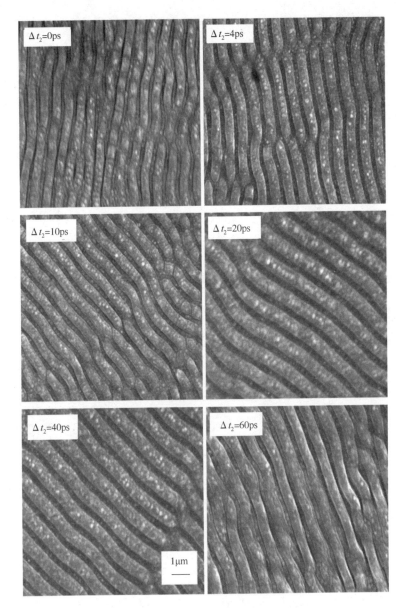

图 5.22　三束飞秒激光在 SiC 表面诱导产的 LSF
条纹结构随 Δt_2 变化的 SEM 图

5.4.2　前两个光束时间延迟为 60ps 时的情况

图 5.25 给出了偏振方向夹角为 $\theta_1 = \theta_2 = 60°$、$\Delta t_1 = 60\text{ps}$、$F_{total} = 0.21\text{J/cm}^2$ 时，三束飞秒激光在 SiC 表面诱导产生周期性条纹结构随时间延迟 Δt_2 变化的

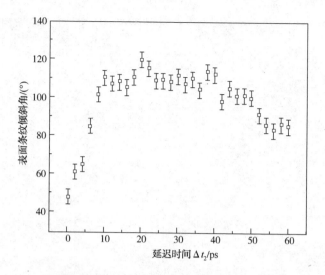

图 5.23　表面条纹方向倾斜角随 Δt_2 的变化关系

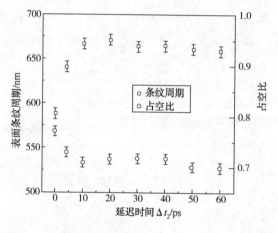

图 5.24　表面条纹周期和占空比随 Δt_2 的变化关系

SEM 图。从该图可以看出，当时间延迟 $\Delta t_2 = 0$ 时，三束飞秒激光脉冲在样品表面诱导产生了 LSF 条纹结构，但是条纹结构形貌伴随有弯曲的现象，测量得到的条纹方向倾斜角约为 $\alpha = 52°$。当时间延迟 Δt_2 增大时，条纹方向倾斜角发生了逆时针偏转；当时间延迟增大到 $\Delta t_2 = 10 \mathrm{ps}$ 时，测量得到的条纹方向倾斜角 $\alpha = 120°$。这种情况下条纹结构排列方向与第一束光 P_1 单独入射作用的情况相一致，并且 LSF 条纹结构规整性有了很大程度的提升，与 $\Delta t_2 = 0$ 时的情况相比较，条纹结构的沟槽宽度有了明显的加宽。若时间延迟 Δt_2 继续增大，则条纹方向的倾斜角继续增大，当时间延迟大于 32 ps 时，条纹方向的倾斜角开始减小，但是条纹规整性得到了保持。当时间延迟进一步增大到 $\Delta t_2 = 60 \mathrm{ps}$

时，我们发现条纹方向的倾斜角减小到 $\alpha = 84°$，条纹结构的规整性开始下降。

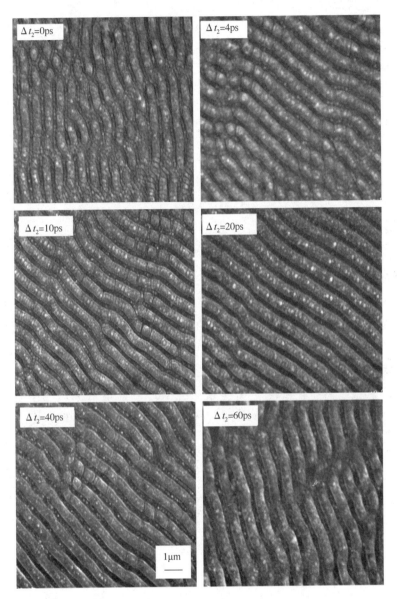

图 5.25　三束飞秒激光在 SiC 表面诱导产的 LSF
条纹结构随 Δt_2 变化的 SEM 图

　　下面我们根据周期性条纹结构的 SEM 图，对条纹方向倾斜角度进行了测量和统计，结果如图 5.26 所示。从变化关系图上可以看出，在 $\Delta t_2 = 0 \sim 30\mathrm{ps}$ 范围

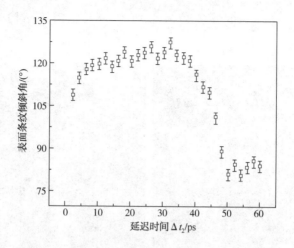

图 5.26　表面条纹方向倾斜角随 Δt_2 的变化关系

内条纹方向倾斜角随着时间延迟的增大而增大；当 $\Delta t_2 = 32\,ps$ 时，条纹方向倾斜角达到最大值 $\alpha = 127.4°$；在 $\Delta t_2 = 30 \sim 60\,ps$ 范围内条纹方向的倾斜角随时间延迟的增大开始单调减小。

　　图 5.27 给出了在偏振方向夹角为 $\theta_1 = \theta_2 = 60°$ 的条件下，三束飞秒激光在 SiC 表面诱导产生条纹结构的周期和占空比随时间延迟 Δt_2 的变化关系。可以看出，在 $\Delta t_2 = 0 \sim 30\,ps$ 范围内，条纹结构周期随着时间延迟 Δt_2 的增大而增大；在 $\Delta t_2 = 30 \sim 60\,ps$ 范围内，条纹结构周期随时间延迟的增大而稍微减小。从条纹占空比的变化情况来看，$\Delta t_2 = 0$ 对应的条纹占空比具有最大值；随着时间延迟 Δt_2 的增大，条纹占空比趋于稳定基本保持在 0.71 附近。

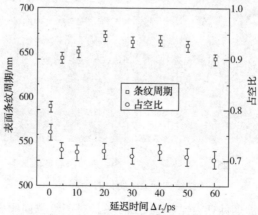

图 5.27　表面条纹周期和占空比随 Δt_2 的变化关系

5.5 本章小结

　　本章首先介绍了基于马赫-曾德干涉系统的三束时间延迟可调的飞秒激光微加工实验装置。然后研究了在不同偏振方向的情况下，三光束飞秒激光脉冲协同作用在半导体材料 SiC 表面诱导产生周期性的条纹结构形貌特征，及其随时间的演化过程。首次在半导体 4H-SiC 表面诱导产生了宽沟槽、低空间频率的表面周期条纹结构。当三束光偏振方向夹角为 $\theta_1 = \theta_2 = 30°$、$\theta_1 = \theta_2 = 45°$ 和 $\theta_1 = \theta_2 = 60°$ 时，在 SiC 样品表面诱导产生了周期性的宽沟槽（条纹沟槽约为 180nm）、低空间频率（空间周期约为 518～738nm）光栅状条纹结构。该实验结果完全不同于单束跟双束飞秒激光辐照 SiC 表面诱导产生的周期性表面条纹结构。研究结果同时表明，在三束光偏振方向夹角不同的情况下，对于给定的延迟时间 Δt_1，三束光协同作用在 SiC 样品表面诱导产生的条纹结构方向倾斜角随着时间延迟 Δt_2 的增大呈先增大后减小的趋势。基于三光束泵浦-探测技术，通过飞秒激光脉冲的多维光场调制，在实验中发现半导体 SiC 表面微结构形貌呈现出周期和空间取向的变化特征，这为设计指导具有特定功能性光电器件提供了新的思路和方法。

　　随着激光技术的快速发展，飞秒激光微纳加工技术越来越受到国内外研究机构的广泛关注，并取得了丰硕的研究成果，尤其是表面结构研究方面新的实验现象不断被发现，理论解释也不断被完善。飞秒激光以其强场超快的优异特点，几乎可以对所有的材料进行加工和改性，然而，目前对飞秒激光诱导表面周期结构的研究还不够完善。在理论方面，建立一套能够科学解释这种周期性表面结构形成机理的理论模型是很有必要的，实验方面也有待形成一系列完整的研究体系，因此，实验研究与理论分析相结合的研究方法已经成为未来的趋势。

　　近年来，应用表面周期结构改善材料表面性能从而制备出越来越多各种类型的功能性材料，为新材料的开发和新型光电器件的制备注入了新的活力。相信在不久的将来，随着飞秒激光微纳加工技术的进一步发展以及材料表面周期性结构研究的深入推进，飞秒激光诱导表面周期结构能够真正地从实验室基础研究推广到实际工业生产领域，广泛应用于电子通信、生物医疗、航空航天、国防安全和高端制造等领域。

第 6 章

三束飞秒激光制备二维表面周期结构

飞秒激光制备二维表面周期结构是飞秒激光微加工和微纳光学的前沿研究课题之一，在材料表面制备周期结构能够有效地改善材料光学、电学、结构力学等物理特性，故受到越来越广泛的关注。目前，已有多种技术用于制备二维，甚至三维周期结构，如离子束刻蚀、分子自组装、激光直写技术等。在精细加工方面，飞秒激光由于其超短的脉冲持续时间以及超高的峰值功率等优点，已经发展成为一种成熟、便捷、高效的微加工工具，并有效避免了长脉冲激光加工所引起的热熔化等问题。光子晶体是一种具有空间周期性结构的电磁介质材料，但光子晶体的制备仍较为困难，目前主要利用颗粒自组装、电子束或离子束刻蚀、全息光刻等技术，但这些技术，工艺复杂且难以制作可见光波段的光子晶体。飞秒激光具有强场超快的优异特性，因此，利用飞秒激光多光束光场精准操控技术可以制作光子晶体，为光子晶体的制备提供了新的机遇。

实际应用的强烈需求是飞秒激光精细加工技术存在与飞速发展的潜在动力。从其一系列优异特性以及一些极端条件的创造，不仅直接带动了物理、化学、生物、材料、高端制造等方面的研究在微观超快领域质的跨越，而且开创了许多全新的研究领域，并且在机械、微电子、生物医学等领域的应用表现出了旺盛的"生命力"。飞秒激光多维光场的精准操控技术和三光束泵浦-探测技术结合可以高效制备二维光子晶体，并可以获得材料界面微结构随时间演化的物理过程。激光诱导二维周期结构可以有效改变材料界面的性质，并可广泛应用于数据存储、集成电路、信息技术、通信、生物医学等领域。

本章我们介绍基于三光束飞秒激光泵浦-探测方法，通过飞秒激光多维光场操控在 SiC 界面制备二维表面微结构的研究工作。实验上通过飞秒光场精准操控技术来控制飞秒激光辐照材料瞬态物理过程，从而实现表面周期结构的高效、可控制备，为设计指导具有特定功能性光电子器件提供新的思路和方法。

6.1 偏振异向三束飞秒激光制备二维表面周期结构

通过调节马赫-曾德时间延迟装置，当前两束激光脉冲的时间延迟 Δt_2 增大到80ps时，通过三光束飞秒激光直写的方式在SiC材料表面首次制备了大周期与小周期嵌套的复合表面周期结构，即LSF表面条纹结构上产生了周期性的HSF条纹，且HSF条纹方向近似垂直于LSF条纹方向，如图6.1所示，其中，$\theta_1 = \theta_2 = 60°$、$\Delta t_1 = 80\,\mathrm{ps}$、$\Delta t_2 = 6\,\mathrm{ps}$、$F_{total} = 0.21\,\mathrm{J/cm^2}$。从SEM图上可以明显看到一维光栅状的LSF条纹结构和一维异向HSF条纹结构嵌套构成二维表面周期性微阵列结构，经测量发现HSF条纹结构的空间周期约为150nm。图6.2给出了三束飞秒激光在SiC表面诱导二维表面周期性微阵列结构随时间延迟 Δt_2 变化的SEM图，其中 $\theta_1 = \theta_2 = 60°$、$\Delta t_1 = 80\,\mathrm{ps}$、$F_{total} = 0.21\,\mathrm{J/cm^2}$。从图上可以看出，当时间延迟 Δt_2 小于18ps时，可以明显观察到二维表面周期性微阵列结构，但是随着时间延迟 Δt_2 的继续增大，实验发现镶嵌在LSF条纹结构上面的HSF条纹逐渐消失，最后形成一维的LSF表面条纹结构。

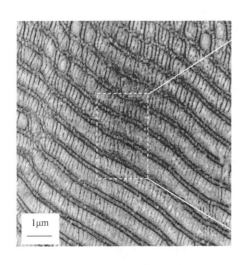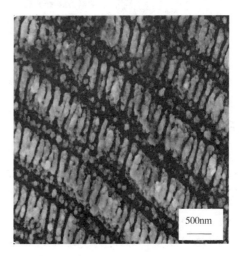

图6.1　三束飞秒激光在SiC表面诱导产生二维周期性阵列结构的SEM图

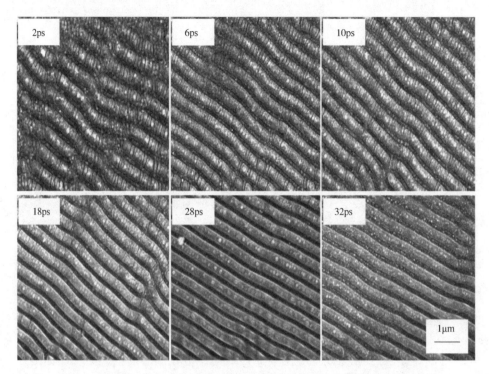

图 6.2   三束飞秒激光在 SiC 表面诱导产的二维微结构随 Δt_2 变化的 SEM 图

6.2   偏振垂直三束飞秒激光制备二维表面周期结构

这一节我们讨论三束飞秒激光偏振方向之间夹角为 $\theta_1 = \theta_2 = 90°$ 的情况。激光扫描速度保持为 $v = 0.1\,\mathrm{mm/s}$、离焦 $L = 0.3\,\mathrm{mm}$，三束激光入射的光通量均为 $F = 0.07\,\mathrm{J/cm^2}$。

6.2.1   前两个光束时间延迟为 20ps 时的情况

图 6.3 给出了偏振方向之间夹角为 $\theta_1 = \theta_2 = 90°$，时间延迟 $\Delta t_1 = 20\,\mathrm{ps}$、$\Delta t_2 = 32\,\mathrm{ps}$、$F_{\mathrm{total}} = 0.21\,\mathrm{J/cm^2}$ 时，三束飞秒激光脉冲在半导体 4H−SiC 材料表面诱导产生二维周期性结构的 SEM 图。此时材料表面能够形成规整性较好的二维周期性方块结构。每个结构单元的边长约为 486nm，它们的空间排列周期约为 680nm，属于 LSF 表面结构。在相应的高清放大图中我们可以看到，方块之间的沟槽内分布有许多纳米颗粒。图 6.3(b) 为三束入射激光电场

方向的分布情况，图6.4(a)给出了这种二维周期整列结构的 AFM 图，其相应的截线分析结果如图6.4(b)所示，其中二维结构的深度约为175nm。

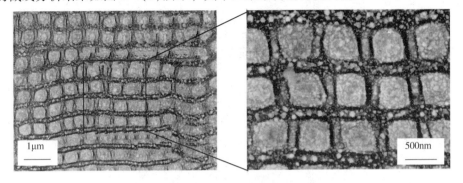

(a) 三束飞秒激光在SiC表面诱导产生二维周期性阵列结构的SEM图

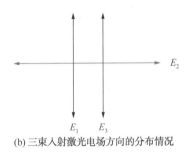

(b) 三束入射激光电场方向的分布情况

图6.3　前两个光束时间延迟为20ps时的情况

接下来我们研究时间延迟对二维周期性方块阵列结构产生的影响。图6.5给出了偏振方向夹角为 $\theta_1 = \theta_2 = 90°$、时间延迟为 $\Delta t_1 = 20\text{ps}$ 的情况下，三束飞秒激光脉冲协同作用诱导产生二维周期性结构随时间延迟 Δt_2 变化的 SEM 图。入射激光的总通量 $F_{\text{total}} = 0.21\text{J/cm}^2$。由该图可知，当 $\Delta t_2 = 0$，即滞后入射的两束激光脉冲同时到达样品表面时，在 SiC 材料表面诱导产生了由非均匀、小周期、亚微米"微岛"和纳米颗粒构成的复合结构。当时间延迟增大到 $\Delta t_2 = 10\text{ps}$ 时，我们发现在样品表面产生了大周期的二维结构，此时二维结构不明显，水平方向有明显条纹结构，经仔细观察我们发现该条纹结构实际上是由亚微米方块结构紧靠在一起排列而成的。当时间延迟增大到 $\Delta t_2 = 40\text{ps}$ 时，在样品表面获得了规整性较好的周期约为 680nm 亚微"微岛"阵列结构，它们在水平方向上的排列比竖直方向上的更有规律。随着时间延迟 Δt_2 的继续增大，在样品表面仍然可以产生二维周期性的"微岛"阵列，但是其表面规整性有所下降。

(a) 电场分布

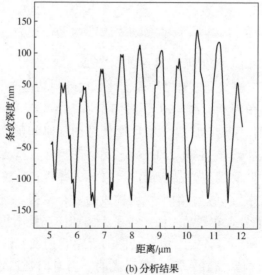

(b) 分析结果

图 6.4　三束飞秒激光在 SiC 表面诱导产生
二维"微岛"阵列结构的 AFM 图

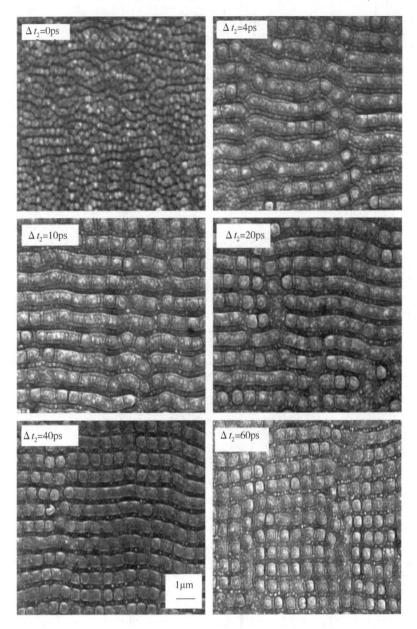

图 6.5 表面周期"微岛"阵列结构随 Δt_2 变化的 SEM 图

6.2.2　前两个光束时间延迟为 40ps 时的情况

首先我们研究了在给定时间延迟情况下，三光束飞秒激光在 SiC 表面诱导产生的表面微结构情况。图 6.6 给出了 $\theta_1 = \theta_2 = 90°$，$\Delta t_1 = 40\,ps$，$\Delta t_2 = 30\,ps$，$F_{total} = 0.21\,J/cm^2$ 时，产生的周期性 LSF 条纹结构的 SEM 图。我们从该图上发现，当预先入射的两束激光脉冲时间延迟由 $\Delta t_1 = 20\,ps$ 增大到 $\Delta t_1 = 40\,ps$ 时，在样品表面诱导产生的是一维周期性条纹结构，而不再是二维周期性的"微岛"阵列结构。LSF 条纹的空间周期 $\Lambda = 678\,nm$，沟槽宽度约为 194nm，条纹占空比为 0.71。同时，条纹上面洒落有一些不规则形状的纳米颗粒。

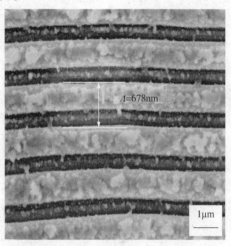

图 6.6　三束飞秒激光在 SiC 表面诱导
产生周期性表面 LSF 条纹结构的 SEM 图

图 6.7 给出了 $\theta_1 = \theta_2 = 90°$、$\Delta t_1 = 40\,ps$ 时，三光束飞秒激光在 SiC 表面诱导产生条纹结构随时间延迟 Δt_2 变化的 SEM 图。从该图上可以看出，在 $\Delta t_2 = 0$ 时，在样品表面没有形成规整的周期性条纹结构，当时间延迟增大时，周期性结构开始形成，规整性也在提高。在 $\Delta t_2 = 10\,ps$ 时，激光诱导产生的表面结构具有较好的周期性空间分布，且条纹结构方向与第二束激光的偏振方向相一致。随着时间延迟的继续增大，条纹结构的方向基本没有发生变化。当 $\Delta t_2 = 60\,ps$ 时，条纹结构的规整性有所下降。

图 6.8 给出了 $\theta_1 = \theta_2 = 90°$、$\Delta t_1 = 40\,ps$ 时，三光束飞秒激光在 SiC 表面诱导产生的表面条纹结构的周期和占空比随时间延迟 Δt_2 的变化关系。显然，在时

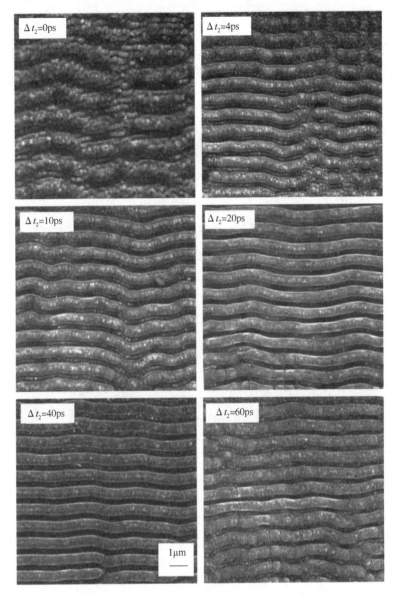

图 6.7　三束飞秒激光在 SiC 表面诱导产生的 LSF
条纹结构随 Δt_2 变化的 SEM 图

间延迟 $\Delta t_2 = 2 \sim 60\text{ps}$ 范围内，条纹结构的周期基本保持在 670nm 左右。在 $\Delta t_2 = 2 \sim 10\text{ps}$ 范围内时，条纹结构的占空比随时间延迟的增大而减小，10ps 之后，占空比基本保持在 0.7 左右。

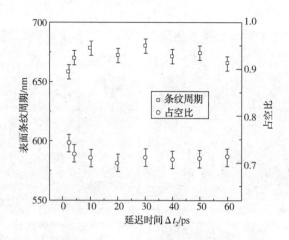

图 6.8　LFS 表面条纹结构周期和
占空比随 Δt_2 的变化关系

6.3　三束飞秒激光制备表面周期结构物理机制

6.3.1　条纹倾斜角变化的物理机制

本节将对以上三束飞秒激光在半导体 4H-SiC 材料表面诱导产生周期性条纹结构方向的倾斜角随着时间延迟变化的物理机制进行理论分析，并以此探索飞秒激光与材料相互作用的瞬态演化过程。由对单束飞秒激光和双束飞秒激光在 SiC 表面诱导产生周期性条纹结构物理机制的讨论可知，激光辐照材料的过程中 SPP 的激发扮演着重要角色，相应瞬态折射率光栅的出现及其随时间的动态演化过程影响了条纹方向的空间偏转。下面将通过提出一个新的物理模型来给予详细讨论。

由第 3 章的分析可知，单束飞秒激光辐照 SiC 样品表面时，入射激光与其激发的 SPP 波发生干涉使得激光能量在材料表面呈空间周期性的离散分布，最终导致高空间频率条纹结构的产生。对于三光束飞秒激光与材料相互作用来讲，当第一束飞秒激光 P_1 辐照材料表面时，在激光脉冲的作用区域样品材料通过多光子吸收过程产生大量高密度的自由电子。入射激光与 SPP 的干涉使激光能量在空间产生周期性离散分布，在材料表面产生一个瞬态折射率光栅，其中光栅矢量 K_{1g} 方向平行于第一束激光的电场（或偏振）方向。在瞬态折射率光栅 K_{1g} 弛豫的过程中，如果有不同偏振方向的激光脉冲 P_2 照射到样品表面时，则会在瞬态折射率光栅的影响下激发产生一个新的表面波 K_{2sw}，该表面波的方向实际上是由入射光束 P_2 在材料表面上的波矢 K_{20} 和瞬态光栅矢量 K_{1g} 共同决定的。由于非共线的波矢 K_{20} 与 K_{1g} 之间存在一个夹角 θ，因此新激发 SSP 波的方向 K_{2sw} 不再沿着第二束入射激光的电场（或偏振）方向。与第一束激光作用情况相类似，此时新激发表面波将会形成一个新的瞬态光栅矢量 K_{2g}。当滞后入射的第三束飞秒激光脉冲 P_3 到达样品表面时，它沿样品表面上的波矢 K_{30} 与瞬态光栅 K_{2g} 耦合激发产生新的 SPP 波，其波矢 K_{3sw} 的方向由 K_{30} 和 K_{2g} 共同决定，最终 SPP 波 K_{3sw} 在材料表面沉积形成空间周期性的能量离散化分布，当激光能量超过材料破坏阈值时将形成永久性的光栅状条纹烧蚀痕迹。或者说，最终在材料表面诱导产生的条纹结构方向垂直于 SPP 波矢 K_{3sw} 的方向。它不是由三个光束单独决定的，而是三束激光共同作用的结果。上述物理过程的示意表述如图 6.9（a）所示，其中，K_{10}、K_{20} 和 K_{30} 分别表示光束 P_1、P_2 和 P_3 在材料表面上的波矢；K_{1g} 和 K_{2g} 分别表示由光束 P_1 和 P_2 激发产生瞬态折射率光栅的光栅矢量；ΔK_{2g} 表示瞬态光栅 K_{2g} 大小的变化。

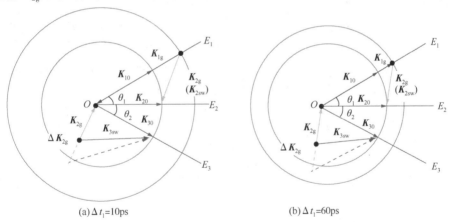

(a) $\Delta t_1 = 10\text{ps}$　　　　　　(b) $\Delta t_1 = 60\text{ps}$

图 6.9　三束飞秒激光在 SiC 表面诱导产生周期
条纹结构的瞬态物理过程示意图

当先入射的前两束飞秒激光的时间延迟 Δt_1 给定时，第二束激光脉冲 P_2 激发产生的瞬态折射率光栅矢量 K_{2g} 的方向就唯一确定了，但是其幅值将随后两束激光 P_2 和 P_3 时间延迟 Δt_2 而变化，K_{2g} 的幅度表达式为

$$K_{2g} = K_{20}\sqrt{1 + \frac{a^2}{d^2}\tan^2(K_{20}h)} \tag{6.1}$$

式中　a——折射率光栅的宽度；

d——折射率光栅的周期；

h——折射率光栅的深度。

由于电子扩散和电子-声子耦合过程的影响，飞秒激光作用后产生的烧蚀熔化区域面积将随着弛豫时间先增大而后减小，由此导致瞬态折射率光栅矢量 K_{2g} 随着时间延迟 Δt_2 先增大后减小，K_{2g} 的幅度变化最终决定了 SPP 波波矢 K_{3sw} 的方向。这就是为什么我们在图 5.6、图 5.10、图 5.13、图 5.16、图 5.19、图 5.22 和图 5.25 中看到的条纹方向倾斜角随着时间延迟 Δt_2 的增大呈先增大后减小的原因。

另一方面，当 $\Delta t_1 = 60ps$ 时，如图 6.9(b)所示，飞秒激光脉冲 P_1 在材料表面的作用使得材料晶格被加热到较高的温度，从而导致瞬态折射率光栅矢量 K_{2g} 经历了较长动态过程的变化，这样就使得 SPP 波矢 K_{3sw} 的方向的变化范围加大，并最终导致诱导产生条纹方向倾斜角的最大值比 $\Delta t_2 = 10ps$ 时的情况大。该理论解释与实验现象相吻合。

在 $\Delta t_2 = 0$ 的情况下，当第一束激光入射材料表面上会激发产生一个瞬态光栅，其矢量 K_{1g} 的方向平行于入射激光的偏振方向；当光束 P_2 跟 P_3 同时入射样品表面上时将会各自同时激发产生两束 SPP 波，其合成矢量的方向将不再沿着各自的波矢方向。由于三束激光的偏振方向各不相同，因此最终在瞬态光栅矢量 K_{1g} 的影响下产生的 SPP 波矢方向接近于第二束激光的偏振方向，也即诱导产生的条纹结构方向接近于第二束激光单独入射所产生条纹结构的空间取向。

6.3.2　HSF 条纹结构产生的物理机制

通常认为，飞秒激光诱导金属表面形成 LIPSSs 是由入射光和表面等离子体波干涉的结果。在激光微纳制备实验过程中，入射飞秒激光脉冲的能量是表面周期条纹结构形成的首要条件，只有处于合适范围内的飞秒激光照射到材料表面，才能在激光聚焦区域诱导产生光栅状条纹结构。实验结果表明，当三束飞秒激光偏振方向的夹角为 $\theta_1 = \theta_2 = 60°$，且满足 $\Delta t_1 = 80ps$、$\Delta t_2 = 0 \sim 18ps$ 时，在 4H-SiC 表面诱导产生了由一维 LSF 条纹结构跟一维 HSF 条纹结构嵌套而成的二维周期性微结构。我们发现当三束飞秒激光偏振方向的夹角为 $\theta_1 = \theta_2 = 30°$ 和 $\theta_1 = \theta_2 = 45°$ 的情况下，在 SiC 表面并没有观察到这种 HSF 条纹结构。我们认为，激光偏振方向从 $0° \sim 90°$ 方向变化时 SiC 材料对激光的吸收增强导致第一束光 P_1 和第三束光 P_3 辐照 SiC 样品表面时 SPP 波的激发变强。为此我们对激光直写扫描线宽随偏振方向的变化进行了测量，如图 6.10 所示。从图 6.10(b)上我们可以看出，激光偏振方向从 0°~90°方向变化时扫描产生的烧蚀线宽变宽，这表明当激光的偏振方向增大时，SiC 材料对激光的吸收增强。因此当三束飞秒激光以偏振方向夹角为 $\theta_1 = \theta_2 = 60°$ 入射到样品表面时，第一束光 P_1 跟第三束光 P_3 对 SPP 波的激发增强。根据上面的讨论我们知道，第一束光 P_1 辐照样品表面时会产生一个瞬态折射率光栅 K_{1g}，事实上这个瞬态光栅 K_{1g} 参与了两个过程，其中一个过程就是以上讨论的 LSF 条纹的产生过程，另一个过程，即当第三束激光 P_3 到达样品表面时在瞬态光栅 K_{1g} 的耦合作用下产生新的表面波 K_{13sw}，表面波 K_{13sw} 能量在材料表面的沉积最终诱导产生了周期性的 HSF 条纹结构。图 6.11 给出了飞秒激光诱导产生 HSF 条纹结构瞬态物理过程的示意图，

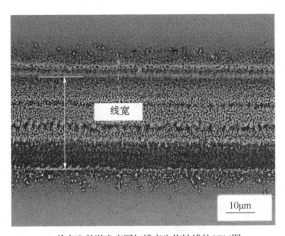

(a) 单束飞秒激光直写扫描产生烧蚀线的SEM图

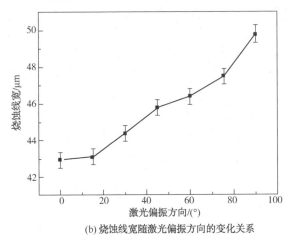

(b) 烧蚀线宽随激光偏振方向的变化关系

图 6.10　测量结果

其中，K_{10}和K_{30}分别表示光束P_1和P_3在材料表面上的波矢；K_{1g}表示由光束P_1激发产生瞬态折射率光栅的光栅矢量；K_{13sw}表示K_{30}跟瞬态光栅K_{1g}耦合产生表面波的波矢。随着后两束光时间延迟Δt_2的增大，HSF 条纹逐渐消失，这是由于在Δt_2增大的过程中瞬态折射率光栅K_{1g}的强度经历了较长时间的弛豫过程后变弱，此时当第三束激光脉冲到达到材料表面时，激发产生的表面波K_{13sw}强度变小，低于 HSF 条纹的形成阈值，因此不能在样品表面产生永久的光栅状烧蚀条纹。这也表明，三束飞秒激光诱导材料表面产生周期性微结构是一个极其复杂的物理过程，而瞬态折射率光栅的产生在微结构的产生过程中具有重要的作用。

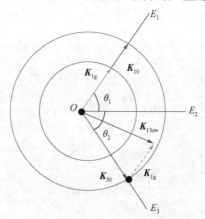

图 6.11 三束飞秒激光在 SiC 表面诱导产生
HSF 条纹结构的瞬态物理过程示意图

6.3.3 HSF 条纹到 LSF 转变的物理机制

激光诱导产生的表面条纹结构按空间周期大小可以分为高空间频率条纹结构（HSF）和低空间频率条纹结构（LSF）。一般情况下，LSF 条纹结构的空间周期大于入射激光中心波长的一半，且小于入射激光中心波长，而 HSF 条纹结构的空间周期一半小于入射激光中心波长的一半。大量实验结果显示，单束飞秒激光诱导 SiC 表面产生的周期条纹结构为 HSF 条纹。通过对单束飞秒激光诱导产生表面周期条纹结构物理机制的讨论我们可以知道，周期条纹结构的产生是由于入射激光与其激发的 SPP 波发生干涉造成了激光能量在空间上的周期性离散化分布。在这种情况下，诱导产生的表面条纹结构周期可以表示为

$$\Lambda = \lambda \left(\frac{1}{\varepsilon_m} + \frac{1}{\varepsilon_d} \right)^{1/2} \tag{6.2}$$

通常情况下，材料表面的介质为空气，因此$\varepsilon_d = 1$，ε_m往往为绝对值较大的负值，这样式（6.2）中（$1/\varepsilon_d + 1/\varepsilon_m$）这一项远小于 1，因此对应于高空间频率

HSF 条纹结构。但是对于三束激光延迟入射的情况，当第一束飞秒激光脉冲辐照材料表面时，在激光作用区域通过多光子吸收过程产生大量的自由电子，部分高能量的自由电子会从材料内部逃逸出来在样品表面形成一个自由电子局域层。此时，由于单脉冲激光通量只有 $F = 0.07\mathrm{J/cm^2}$，远远达不到 SiC 材料的烧蚀阈值，因此不会在样品表面产生烧蚀刻痕。含有自由电子的空气介质局域层的瞬态介电常数可以写为

$$0 < \varepsilon_\mathrm{d} = 1 - \frac{\omega_\mathrm{p}^{2}}{\omega^{2} + \gamma^{2}} < 1 \qquad (6.3)$$

式中 ω_p——等离子体频率；

ω——入射激光频率；

γ——电子碰撞频率。

类似的，当第二束飞秒激光脉冲 P_2 到达样品表面时，材料表面自由电子局域层的密度将进一步增大，导致空气介质层的介电常数 ε_d 进一步减小。因此，当第三束飞秒激光脉冲辐照样品表面时，电子密度将继续增大，导致空气介质层的介电常数 ε_d 变得更小，根据式（6.2）可知，这种情况下产生的条纹结构周期 $\varLambda$ 将会变大。此外，由于三束飞秒激光在时间上延迟入射，因此，SiC 表面激发区域的介电常数也处于瞬态过程，并随着延迟入射激光的作用而减小。因此，在实验中三光束协同作用于 SiC 材料表面会诱导产生 LSF 条纹结构。同时，在空气介质瞬态介电常数 ε_d 和 SiC 激发区域瞬态介电常数 ε_m 变化的同时，半导体 SiC 表面的光学特性也发生了改变。事实上这种变化深刻影响了半导体材料表面经历的非平衡态超快动力学过程。反映在微结构表面形貌上就是影响了表面条纹的规整性。

6.3.4 二维"微岛"阵列结构产生的理论分析

在第 6.2.1 节的实验中我们发现，当偏振方向夹角为 $\theta_1 = \theta_2 = 90°$、$\Delta t_1 = 20\mathrm{ps}$ 时，三束飞秒激光脉冲在 SiC 表面诱导产生了二维周期性的"微岛"阵列结构。从实验结果可看出，这种二维阵列结构不能由任意一束飞秒激光单独作用产生，故只能是三光束共同作用的结果。乔红贞等人采用双光束垂直偏振飞秒激光脉冲在金属钨表面诱导产生了二维周期性的圆包状结构，认为在此过程中产生了两个互相垂直的瞬态折射率光栅。在此基础上笔者认为，第一束激光 P_1 照射样品表面会产生一个瞬态折射率光栅，其光栅矢量 $\boldsymbol{K}_{1\mathrm{g}}$ 方向平行于该入射激光的偏振方向。实际上，该过程同时也提供一个预热温度 T_1，如图 6.12 所示，其中，T_1 表示第一束光 P_1 在样品表面产生的温度；T_2 表示第二束光 P_2 产生的

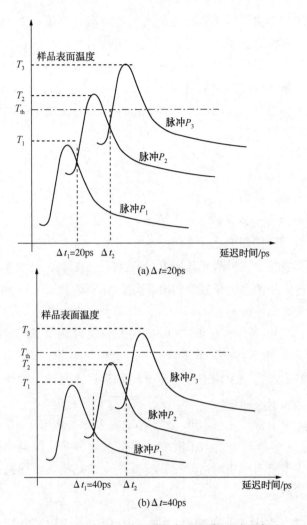

图 6.12 三束飞秒激光诱导产生二维"微岛"阵列
结构 SiC 微区温度场示意图

温度；T_3 表示第三束光 P_3 产生的温度；T_{th} 表示产生条纹结构的材料烧蚀阈值。由于此时入射激光通量 $F = 0.07\text{J/cm}^2$，远远达不到 SiC 材料的烧蚀阈值通量，因此不会有激光诱导条纹结构的产生。当第二束激光 P_2 以 $\Delta t_1 = 20\text{ps}$ 延迟入射到达样品表面时，也会产生一个瞬态折射率光栅 K_{2g}，光栅矢量方向平行于该入射激光的偏振方向。同时第二束激光也提供了一个温度 T_2，此时由于延迟时间 20ps 还比较短，温度 T_1 还来不及向周围扩散而急剧减低，所以在温度场 T_1 和 T_2 共同的作用下瞬态光栅 K_{2g} 所在区域激光能量在材料表面沉积，此时激光作用区域温度达到了 SiC 烧蚀阈值，故产生了竖直方向的表面条纹。当第三束激

光 P_3 辐照材料表面时，同样会产生一个瞬态光栅 K_{3g}，其矢量方向平行于该入射激光的偏振方向，同样为材料激发区域表面提供一个温度 T_3。这样产生的三个互相垂直的瞬态温度光栅经过后续一系列的能量弛豫过程，最终在 SiC 表面诱导产生了周期性的"微岛"阵列结构。图 6.13 给出了三束飞秒激光作用在 SiC 材料表面诱导形成二维周期性"微岛"阵列结构的物理过程示意图，其中，K_{1g}、K_{2g} 和 K_{3g} 分别表示光束 P_1、P_2 和 P_3 在材料表面上激发产生瞬态折射率光栅的光栅矢量。

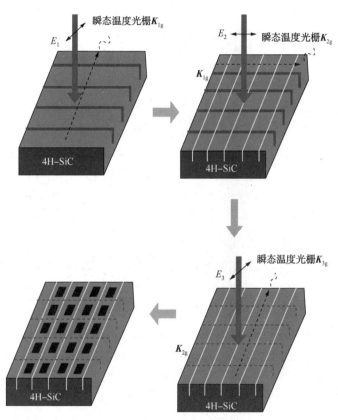

图 6.13　三束飞秒激光在 SiC 表面诱导形成二维"微岛"
阵列结构物理过程示意图

当 $\Delta t_1 = 40\mathrm{ps}$ 时，实验发现在 SiC 表面诱导产生了表面条纹结构，而不是二维"微岛"结构。这是因为第一束激光 P_1 产生的温度场 T_1 经过 40ps 的时间弛豫后在激光作用区域样品表面温度有明显减低。此时第二束激光到达样品表面时，激光烧蚀区域总的温度不足以达到材料的烧蚀阈值温度，故虽然瞬态光栅 K_{2g} 同时存在，但不能在材料表面烧蚀去除，因此在竖直方向上不会产生永久性的条纹结构。当第三束飞秒激光脉冲辐照材料表面时，在前两个温度场 T_1 和 T_2 以及自身提供的温度场 T_3 的共同作用下，此时激光辐照区域表面温度达到了材料的烧蚀阈值温度。虽然此时瞬态温度光栅 K_{1g}、K_{2g} 和 K_{3g} 同时存在，但只有 K_{3g} 光栅所在方向上激光能量在材料表面沉积并达到材料烧蚀阈值，因此可以将材料去除，最终在水平方向上产生周期性的 LSF 条纹结构。这就是为什么在 $\Delta t_1 = 20\text{ps}$ 时产生的是二维"微岛"结构，在 $\Delta t_1 = 40\text{ps}$ 时产生的是一维条纹结构的原因。我们提出的理论解释与实验结果相一致。

6.4 本章小结

自从 1965 年 Birnbaum 等人首次发现激光可以在半导体表面诱导产生规则的光栅状条纹结构以来，人们利用激光在金属、半导体、介质等材料表面诱导产生周期微结构方面做了大量的研究工作，并取得了大量的研究成果。目前已有的研究结果表明，选取合适能量的线偏振飞秒激光脉冲可以在材料表面诱导产生一维光栅状表面条纹结构，条纹结构空间排列方向一般与入射激光偏振方向垂直，条纹周期不但与入射光的中心波长有关，还会受到激光能量、脉宽、脉冲数目、入射角度、加工环境的影响。

本章介绍了飞秒激光多光束光场操控技术及其二维表面周期结构的可控制备技术及其微结构形成的物理机制。飞秒激光多光束泵浦-探测微加工技术诱导微结构不需要掩模、无光刻胶，并且具有高效、周期可控等优点，使得其在制备周期性功能微结构方面具有得天独厚的优势。通过调控激光能量、脉冲数目、激光偏振态、透镜距离、扫描速度等参数，可以对表面微结构的周期、形貌、维度等参数进行调节。其次，飞秒激光具有的超快和超强特性，几乎可以对所有的材料进行加工和改性，在工业及国防领域受到了极大的关注。目前，飞秒激光微加工实验研究主要集中在界面微结构的高效可控制备上。如何快速、一步式制备大面积的微结构界面是激光表面微加工存在的根本问题，界面微结构形貌一般受到激光加工参数（激光波长、脉宽、激光功率、偏振态等）、加工环境的调制。泵浦-探测技术与飞秒激光微加工技术的结合可以对飞秒光场进行精准操控，从而对强度周期性分布的电磁场进行控制，实现特定功能表面微结构的高效、可控制备。

主要采用基于马赫-曾得干涉系统的三光束时间延迟可调飞秒激光微纳加工实验装置，在半导体材料 SiC 表面制备产生了二维"微岛"阵列结构，深入研究了二维结构的产生过程及其随时间的演化过程。实验制备的二维表面微纳米结构具有低空间频率特征和宽的沟槽。三光束偏振方向夹角在 $\theta_1 = \theta_2 = 90°$ 的情况下，当 $\Delta t_1 = 20\text{ps}$ 时，在 SiC 样品表面诱导产生了二维周期性的方块阵列结构，并且其空间排列周期约为 680nm，属于 LSF 表面结构；当 $\Delta t_1 = 40\text{ps}$ 时，在 SiC 样品表面诱导产生了周期性的低空间频率光栅状条纹结构。理论上采用瞬态折射率光栅模型成功解释了条纹结构空间取向的偏转。我们认为飞秒激光与半导体材料 SiC 作用时，瞬态折射率光栅的产生对条纹结构空间取向的偏转起了主要作用，瞬态折射率光栅随时间的演化过程反映了飞秒激光与材料相互作用的瞬态物理过程。二维周期性"微岛"阵列结构的产生是由于互相垂直的瞬态温度光栅协同作用的结果。通过控制飞秒激光与材料相互作用的瞬态物理过程，可以实现对材料表面微纳米结构的高效、可控制备，在微纳米器件加工中具有重要应用。

第 7 章

SiC 表面微区的能谱分析及显微拉曼光谱测量

能谱分析方法是20世纪70年代以来发展起来的表面成分分析方法。该方法是对用光子或粒子照射或轰击材料产生的电子能谱进行分析的方法，可以对样品表面的元素组成给出比较精确的分析，同时还能够在动态条件下测量薄膜在形成过程中的成分分布、变化。飞秒激光由于其极高的功率密度可以对样品材料进行烧蚀和表面改性，激光在材料表面的改性处理改变了材料表面原有的光学性质和化学形态，利用能谱分析可以对物质表面进行元素分析和检测，是一种研究物质表面或界面的有效方法。

　　拉曼光谱（Raman spectra）是一种散射光谱，1928年印度物理学家 C. V. Raman 在实验中发现，当光穿过透明介质被分子散射的光发生频率变化，这一现象称为拉曼散射。拉曼光谱分析法是基于拉曼所发现的拉曼散射效应，对与入射光频率不同的散射光普进行分析以得到分子振动、转动方面的信息，并应用于分子结构研究的一种分析方法。当用一束单色光照射在介质上时，绝大部分光沿着入射光的方向透过样品，另外，还有一部分光会偏离原来的传播方向，向各个方向辐射，按频率特性可以将这些散射光分为两类：与入射光频率相同的散射称为瑞利散射（Rayleigh scattering），而与入射光频率不同的散射，则称为拉曼散射（Raman scattering）。激光技术的发展为物质探测提供了全新的手段，激光由于其具有超高强度和单色性，极大推动了拉曼光谱的研究范围及其应用。由于拉曼光谱能够反映物质分子能级的丰富信息，因此我们选择其用于材料的原位无损测量分析。实验中所用到显微共焦拉曼光谱仪，激发光源波长可以选择437nm、532nm和785nm。为保证测量数据的准确性，实验中对材料表面的不同位置均进行了多次测量。

7.1 飞秒激光辐照前后 SiC 表面的能谱分析

能谱是利用光电效应的原理测量单色辐射从样品上打出来的光电子的动能、光电子强度和这些电子的角分布,并应用这些信息来研究材料表面电子结构、化学组成的技术,能谱分析可以应用于金属、半导体、复合材料等界面研究。为了研究飞秒激光微加工过程对材料表面性能的影响,我们针对 4H-SiC 材料表面经过飞秒激光诱导产生的微结构区域和未经照射的区域分别进行了能谱分析(EDS),测量结果如图 7.1 所示,其中图 7.1(a)为飞秒激光作用前的情况;

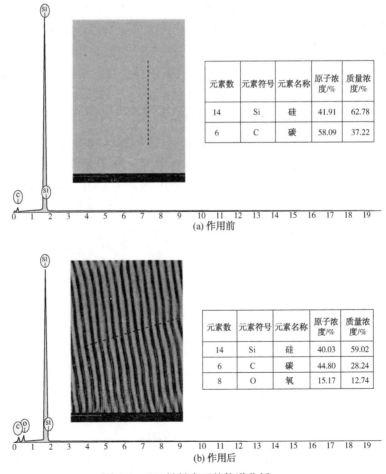

图 7.1　SiC 材料表面的能谱分析

图7.1(b)为飞秒激光作用后的情况，图中黑色虚线表示能谱分析区域为扫描线。显然，在未经飞秒激光作用时，SiC 材料表面是由 62.78% 的 Si 与 37.22% 的 C 构成；而经飞秒激光作用后，材料表面（周期性微结构区域）是由 59.02% 的 Si、28.24% 的 C 和 12.74% 的 O 构成。这说明飞秒激光作用后 SiC 材料表面有 O 元素产生，并且 Si 和 C 的含量均有所下降。

7.2 飞秒激光辐照 SiC 表面的显微拉曼光谱测量

接下来我们对三束飞秒激光辐照 4H–SiC 材料表面产生周期性微结构区域和未加工区域分别进行了显微拉曼光谱测量，结果如图 7.2 所示，其中激发光源采用中心波长为 532nm 的脉冲激光。从图上可以看出，飞秒激光作用后的显微拉曼强度整体减弱，但是飞秒激光作用前、后的拉曼光谱位移并没有发生变化。图中的光谱峰值为 4H–SiC 的本征拉曼位移，我们将拉曼位移进行了归属表征，如表 7.1 所示。然后我们又采用中心波长为 437nm、532nm 和 785nm 的激发光源对飞秒激光作用后的表面区域进行了显微拉曼测量，结果如图 7.3(a) 所示。从该图上可以看出，532nm 激光激发时的拉曼光谱强度最大，而 785nm 激光激发时的拉曼光谱强度最小。同时，研究发现当采用 785nm 激光激发时 266cm^{-1} 处的拉曼位移消失了（该位移对应于 4H–SiC 材料的横声学模）。随后采用中心波长为 532nm 的激光光源，研究了不同激发强度下飞秒激光辐照后

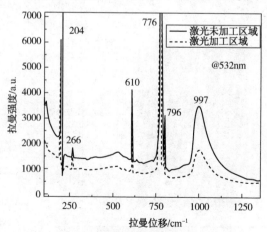

图7.2 三束飞秒激光辐照 4H–SiC 表面
前后的显微拉曼光谱

4H-SiC 表面的显微拉曼光谱，如图 7.3(b)所示。该测量结果表明，随着激发光强的减弱，飞秒激光作用后的拉曼强度也减弱，但是拉曼位移没有发生变化。

表 7.1   4H-SiC 材料表面拉曼位移特征值归属

项目	拉曼位移/cm⁻¹				
	204	266	610	776	796
模式	横声学模		纵声学模	横光学模	
	FTA（folder transverse acoustic）		FLA（folded longitudinal acoustic）	FTO（folded transverse optics）	

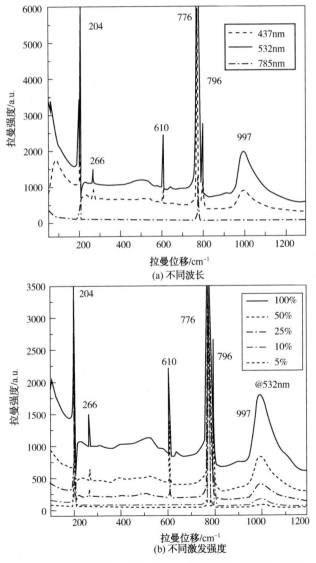

图 7.3   三束飞秒激光辐照 4H-SiC 表面后的显微拉曼光谱

4H–SiC 材料表面的显微拉曼光谱测量表明，飞秒激光作用前后，材料的拉曼位移没有发生变化，也没有新的拉曼谱峰出现，因此可以认为飞秒激光在样品表面诱导产生周期性微纳米结构后并没有发生相变。拉曼强度的减弱是由于飞秒激光辐照 SiC 后，样品表面的 SiC 含量变小所导致。结合上一小节 SiC 表面能谱分析，我们认为飞秒激光辐照 SiC 诱导产生表面微结构的过程中在激光辐照区域 Si—C 键发生断裂，产生 C—O 键，从而使得 SiC 本身的含量减低，拉曼强度减弱。此外，飞秒激光诱导产生的表面周期性微结构也将导致 SiC 材料的结晶程度减小，最终也会使得拉曼强度减小。

7.3 本章小结

拉曼散射效应被发现后，经过几十年的发展，拉曼光谱分析法已成为检测物质结构的主要手段，可以对物质进行定量和定性分析。飞秒激光辐照材料后会导致材料表面的物质结构和成分发生变化，本章通过高强度飞秒激光辐照半导体材料 SiC 前后在其表面微区的能谱分析和显微拉曼光谱测量，研究了 SiC 经飞秒激光作用后物质结构和成分的变化情况。SiC 表面微区的能谱分析表明，飞秒激光加工后的区域产生了 O 原子，SiC 本身的含量有所减低。SiC 表面的显微拉曼光谱测量表明，飞秒激光辐照后的区域拉曼位移没有发生变化，但是拉曼强度变弱。高强度飞秒激光对 SiC 材料表面的改性可以使其界面微区的光学性质发生变化。

附　录

附录 | 特殊名词中英文对照

中文名称	英文名词
受激辐射光放大	Laser
碳化硅	SiC
激光诱导表面周期结构	LIPSS
高空间频率条纹结构	HSF
低空间频率条纹结构	LSF
表面等离激元	SPP
拉曼光谱	Raman spectra
有效介质理论	Maxwell – Garnett
扫描电子显微镜	SEM
原子力显微镜	AFM
电子能谱分析	EDS

附录 II 物理量符号对照

名称	符号
表面条纹周期	Λ
表面条纹倾斜角	α
入射激光中心波长	λ_0
SPP 波长	Λ_{sp}
金属材料介电常数	ε_d
材料表面媒质介电常数	ε_m
介电常数的变化量	$\Delta\varepsilon$
系统有效介电常数	E_{eff}
金属与媒质界面处的有效折射率实部	η
激光入射角	θ
激光束腰半径	ω_0
光束质量因子	M^2
透镜数值孔径	NA
样品扫描速度	V
飞秒激光脉冲重叠数目	N
入射激光峰值通量	F
入射激光波矢	$\boldsymbol{K}_i$
瞬态光栅矢量	$\boldsymbol{K}_g$
SPP 波矢	$\boldsymbol{K}_{spp}$
光束 P_1 和 P_2 之间的时间延迟	Δt_1
光束 P_2 和 P_3 之间的时间延迟	Δt_2
光束 P_1 和 P_2 偏振方向夹角	θ_1
光束 P_2 和 P_3 偏振方向夹角	θ_2
瞬态光栅宽度	a
瞬态光栅深度	d
等离子体频率	ω_p
自由电子密度	N_e
入射激光圆频率	ω
电子碰撞频率	γ

参考文献

[1] Kalinin Y G, Korel'Skii V A, Kravchenko E V, et al. Laser setup with the use of nonlinear optical phenomena and its application for high-temperature plasma probing[J]. Proc Spie, 2004, 5481.

[2] Minucci M A S, Myrabo L N. Phase distortion in a propulsive laser beam due to aero-optical phenomena [J]. Journal of Propulsion & Power, 1971, 6 (4): 416-425.

[3] 杨建军. 飞秒激光超精细"冷"加工技术及其应用[J]. 激光与光电子学进展, 2004, 41(3): 42-57.

[4] Kim D, Kim J, Park H C, et al. A superhydrophobic dual-scale engineered lotus leaf[J]. Journal of Micromechanics & Microengineering, 2007, 18(1): 015019.

[5] 杜欣源. 荷叶表面微观结构的探究及超疏水铜的制备和表征[J]. 化工设计通讯, 2016, 42(10).

[6] Dickinson M. Animal locomotion: How to walk on water[J]. Nature, 2003, 424 (6949): 621-2.

[7] Gao X, Jiang L. Biophysics: Water-repellent legs of water striders[J]. Nature, 2004, 432(7013): 36.

[8] Coath R E. Investigating the use of replica morpho butterfly scales for colour displays[J]. Dimensions, 2007.

[9] 刘广平, 宣益民, 韩玉阁. Morpho 蝴蝶结构显色特性研究[J]. 激光生物学报, 2006, 15(5): 511-514.

[10] Bonse J, Krüger J, Höhm S, et al. Femtosecond laser-induced periodic surface structures[J]. Journal of Laser Applications, 2012, 24(4): 42006.

[11] Reif J, Varlamova O, Costache F. Femtosecond laser induced nanostructure for-

mation:self-organization control parameters[J]. Applied Physics A,2008,92 (4):1019–1024.

[12] Wu X,Jia T Q,Zhao F L,et al. Formation mechanisms of uniform arrays of periodic nanoparticles and nanoripples on 6H–SiC crystal surface induced by femtosecond laser ablation[J]. Applied Physics A,2007,86(4):491–495.

[13] Huang M,Zhao F L,Cheng Y,et al. Origin of laser-induced near-subwavelength ripples:interference between surface plasmons and incident laser[J]. ACS Nano,2009,3(12):4062–4070.

[14] Qiao H Z,Yang J J,Wang F,et al. Femtosecond laser direct writing of large-area two-dimensional metallic photonic crystal structures on tungsten surfaces [J]. Optics Express,2015,23(20):26617–26627.

[15] He X,Datta A,Nam W,et al. Sub-diffraction limited writing based on laser induced periodic surface structures (LIPSS) [J]. Scientific Reports, 2016, 6:35035.

[16] 侯洵. 超短脉冲激光及其应用[J]. 空军工程大学学报(自然科学版), 2000,01:1–5.

[17] Fork R L,Greene B I,Shanl C V. Generation of optic pulses shorter than 0.1 psec by colliding pulse mode locking[J]. Applied Physics Letters,1981,38 (9):671–673.

[18] Spence D E,Kean P N,Sibbett W. 60-fsec pulse generation from a self-mode-locked Ti:sapphire laser[J]. Optics Letters,1991,16(1):42–44.

[19] Hentschel M,Kienberger R,Spielmann C,et al. Attosecond metrology[J]. Nature,2001,414(6863):509.

[20] Strickland D,Mourou G. Compression of amplified chirped optical pulses[J]. Optics Communications,1985,56(3):219–221.

[21] 孙岳,黄海明,高锁文. 激光烧蚀机理研究进展[J]. 失效分析与预防,
2008,3(2):58-63.

[22] Sahin R,Ersoy T,Akturk S. Ablation of metal thin films using femtosecond la-
ser bessel vortex beams[J]. Applied Physics A,2015,118(1):125-129.

[23] Momma C,Chichkov B N,Nolte S,et al. Short-pulse laser ablation of solid tar-
gets[J]. Optics Communications,1996,129(1-2):134-142.

[24] Dusser B,Sagan Z,Soder H,et al. Controlled nanostructrures formation by ultra
fast laser pulses for color marking[J]. Optics Express,2010,18(3):2913.

[25] Kamlage G,Bauer T,Ostendorf A,et al. Deep drilling of metals by femtosecond
laser pulses[J]. Applied Physics A,2003,77(2):307-310.

[26] Ma N H,Ma H L,Zhong M J,et al. Direct precipitation of silver nanoparticles
induced by a high repetition femtosecond laser[J]. Materials Letters,2009,63
(1):151-153.

[27] Yasumaru N. Femtosecond-laser-induced nanostructure and high ablation rate
observed on nitrided alloy steel[J]. Journal of Laser Micro,2015,10(1):
33-37.

[28] KISS B,Flender R,Kopniczky J,et al. Fabrication of polarizer by metal evapo-
ration of fused silica surface relief gratings[J]. JLMN-Journal of Laser Micro/
Nanoengineering,2015,10(1).

[29] Shimotsuma Y,Hirao K,Kazansky P G,et al. Three-dimensional micro-and
nano-fabrication in transparent materials by femtosecond laser[J]. Japanese
Journal of Applied Physics,2005,44(7A):4735-4748.

[30] Matsuo S,Juodkazis S,Misawa H. Femtosecond laser microfabrication of period-
ic structures using a microlens array[J]. Applied Physics A,2005,80(4):
683-685.

[31] Shimotsuma Y, Hirao K, Qiu J, et al. Nanofabrication in transparent materials with a femtosecond pulse laser[J]. Journal of Non-Crystalline Solids, 2006, 352 (6-7):646-656.

[32] He F, Liao Y, Lin J, et al. Femtosecond laser fabrication of monolithically integrated microfluidic sensors in glass[J]. Sensors, 2014, 14(10):19402.

[33] Yang J, Luo F, Kao T S, et al. Design and fabrication of broadband ultralow reflectivity black Si surfaces by laser micro/nanoprocessing[J]. Light Science & Applications, 2014, 3(7):e185.

[34] Jia T Q, Zhao F L, Huang M, et al. Alignment of nanoparticles formed on the surface of 6H-SiC crystals irradiated by two collinear femtosecond laser beams [J]. Applied Physics Letters, 2006, 88(11):3668.

[35] Dong Y, Molian P. Coulomb explosion-induced formation of highly oriented nanoparticles on thin films of 3C-SiC by the femtosecond pulsed laser[J]. Applied Physics Letters, 2004, 84(1):10-12.

[36] Pecholt B, Vendan M, Dong Y, et al. Ultrafast laser micromachining of 3C-SiC thin films for MEMS device fabrication[J]. The International Journal of Advanced Manufacturing Technology, 2008, 39(3):239-250.

[37] Her T H, Finlay R J, Wu C, et al. Microstructuring of silicon with femtosecond laser pulses[J]. Applied Physics Letters, 1998, 73(12):1673-1675.

[38] Jin F, Zheng M L, Zhang M L, et al. A facile layer-by-layer assembly method for the fabrication of fluorescent polymer/quantum dot nanocomposite thin films [J]. Rsc Advances, 2014, 4(63):33206-33214.

[39] Juodkazis S, Mizeikis V, Khuen Seet K, et al. Two-photon lithography of nanorods in SU-8 photoresist[J]. Nanotechnology, 2005, 16(6):846-849.

[40] Zhang Y L, Chen Q D, Xia H, et al. Designable 3D nanofabrication by femto-

second laser direct writing[J]. Nano Today,2010,5(5):435–448.

[41] Xing J,Liu J,Zhang T,et al. A water soluble initiator prepared through host-guest chemical interaction for microfabrication of 3D hydrogels via two-photon polymerization[J]. Journal of Materials Chemistry B,2014,2(27):4318–4323.

[42] Li Y,Qi F,Yang H,et al. Nonuniform shrinkage and stretching of polymerized nanostructures fabricated by two-photon photopolymerization[J]. Nanotechnology,2008,19(5):55303.

[43] Lee K S,Ran H K,Yang D Y,et al. Advances in 3D nano/microfabrication using two-photon initiated polymerization [J]. Progress in Polymer Science, 2008,33(6):631–681.

[44] Miura K,Inouye H,Qiu J,et al. Optical waveguides induced in inorganic glasses by a femtosecond laser[J]. Nuclear Instruments & Methods in Physics Research,1998,141(1–4):726–732.

[45] Méndez C,Aldana J R V D,Torchia G A,et al. Optical waveguide arrays induced in fused silica by void-like defects using femtosecond laser pulses[J]. Applied Physics B,2007,86(2):343–346.

[46] Gao X,Zhang J. Femtosecond laser induced optical waveguides and micro-mirrors inside glasses[J]. Chinese Physics Letters,2002,19(10):1424.

[47] Lv J,Cheng Y,Yuan W,et al. Three-dimensional femtosecond laser fabrication of waveguide beam splitters in LiNbO₃ crystal[J]. Optical Materials Express, 2015,5(6):1274.

[48] He R,Hernández-Palmero I,Romero C,et al. Three-dimensional dielectric crystalline waveguide beam splitters in mid-infrared band by direct femtosecond laser writing[J]. Optics express,2014,22(25):31293.

[49] Jia Y,Cheng C,Chen F. Three-dimensional waveguide splitters inscribed in

Nd∶YAG by femtosecond laser writing∶realization and laser emission[J]. Journal of Lightwave Technology,2016,34(4)∶1328–1332.

[50] Kawata S,Sun H B,Tanaka T,et al. Finer features for functional microdevices [J]. Nature,2001,412(6848)∶697–8.

[51] Deubel M,Von F G,Wegener M,et al. Direct laser writing of three-dimensional photonic-crystal templates for telecommunications[J]. Nature Material,2004,3 (7)∶444–7.

[52] 黄敬,周琼. 飞秒激光屈光手术研究进展[J]. 眼科新进展,2011,31(8)∶ 793–796.

[53] Ovsianikov A,Ostendorf A,Chichkov B N. Three-dimensional photofabrication with femtosecond lasers for applications in photonics and biomedicine[J]. Applied Surface Science,2007,253(15)∶6599–6602.

[54] 杨海峰,周明,狄建科,等. 飞秒激光手术在细胞生物学中的应用[J]. 激光与光电子学进展,2009,46(10)∶71–77.

[55] 狄建科,周明,杨海峰,等. 飞秒激光与生物细胞作用机理及应用[J]. 激光生物学报,2008,17(2)∶270–277.

[56] Chichkov B N,Momma C,Nolte S,et al. Femtosecond,picosecond and nanosecond laser ablation of solids[J]. Applied Physics A,1996,63(2)∶109–115.

[57] Vorobyev A Y ,Guo C . Colorizing metals with femtosecond laser pulses[J]. Applied Physics Letters,2008,92(4)∶41914.

[58] Birnbaum M. Semiconductor surface damage produced by ruby lasers[J]. Journal of Applied Physics,1965,36(11)∶3688–3689.

[59] Shinoda M,Gattass R R,Mazur E. Femtosecond laser–induced formation of nanometer–width grooves on synthetic single–crystal diamond surfaces[J]. Journal of Applied Physics,2009,105(5)∶53102.

[60] Liu J, Jia T, Zhou K, et al. Direct writing of 150 nm gratings and squares on ZnO crystal in water by using 800 nm femtosecond laser[J]. Optics Express, 2014, 22(26):32361.

[61] Ma Y, Khuat V, Pan A. A simple method for well-defined and clean all-SiC nano-ripples in ambient air[J]. Optics & Lasers in Engineering, 2016, 82:141-147.

[62] Tang Y, Yang J J, Zhao B, et al. Control of periodic ripples growth on metals by femtosecond laser ellipticity[J]. Optics Express, 2012, 20(23):25826.

[63] Qi L, Nishii K, Namba Y. Regular subwavelength surface structures induced by femtosecond laser pulses on stainless steel [J]. Optics Letters, 2009, 34(12):1846.

[64] Liu D, Chen C, Man B, et al. Evolution and mechanism of the periodical structures formed on Ti plate under femtosecond laser irradiation[J]. Applied Surface Science, 2016, 378:120-129.

[65] Suzana M. Petrović, B. Gaković, D. Peruško, et al. Femtosecond laser-induced periodic surface structure on the Ti-based nanolayered thin films[J]. Journal of Applied Physics, 2013, 114(23):1443-18508.

[66] Wagner R, Gottmann J, Horn A, et al. Subwavelength ripple formation induced by tightly focused femtosecond laser radiation [J]. Applid Surface Science, 2006, 252:8576-8579.

[67] Fang Z, Zhao Y, Shao J. Femtosecond laser-induced periodic surface structure on fused silica surface[J]. Optik-International Journal for Light and Electron Optics, 2016, 127(3):1171-1175.

[68] Kuladeep R, Sahoo C, Rao D N. Direct writing of continuous and discontinuous sub-wavelength periodic surface structures on single-crystalline silicon using

femtosecond laser[J]. Applied Physics Letters,2014,104:222103.

[69] Höhm S,Rosenfeld A,Krüger J,et al. Femtosecond laser-induced periodic sur-
face structures on silica[J]. Journal of Applied Physics,2012,112(1):657.

[70] Obara G,Shimizu H,Enami T,et al. Growth of high spatial frequency periodic
ripple structures on SiC crystal surfaces irradiated with successive femtosecond
laser pulses[J]. Optics Express,2013,21(22):26323-26334.

[71] Gemini L,Hashida M,Shimizu M,et al. Periodic nanostructures self-formed on
silicon and silicon carbide by femtosecond laser irradiation[J]. Applied Phys-
ics A,2014,117(1):49-54.

[72] Yamaguchi M,Ueno S,Kumai R,et al. Raman spectroscopic study of femtosec-
ond laser-induced phase transformation associated with ripple formation on sin-
gle-crystal SiC[J]. Applied Physics A,2010,99(1):23-27.

[73] Xue L,Yang J J,Yang Y,et al. Creation of periodic subwavelength ripples on
tungsten surface by ultra-short laser pulses[J]. Applied Physics A,2012,109:
357-365.

[74] Vorobyev A Y,Guo C. Femtosecond laser-induced periodic surface structure
formation on tungsten[J]. Journal of Applied Physics,2008,104(6):3688.

[75] Reif J,Costache F,Henyk M,et al. Ripples revisited:non-classicalmorphology
at the bottom of femtosecond laser ablation craters intransparent dielectrics[J].
Applied Surface Science,2002,197-198,891-895.

[76] Wang J,Guo C. Formation of extraordinarily uniform periodic structures on met-
als induced by femtosecond laser pulses[J]. Journal of Applied Physics,2006,
100(2):23511.

[77] Jia T Q,Chen H X,Huang M,et al. Formation of nanogratings on the surface of
a ZnSe crystal irradiated by femtosecond laser pulses[J]. Physical Review B,

2005,72(10):125429.

[78] Rohloff M, Das S K, Höhm S, et al. Formation of laser-induced periodic surface structures on fused silica upon multiple cross-polarized double-femtosecond-laser-pulse irradiation sequences [J]. Journal of Applied physics, 2011, 110:14910.

[79] Rosenfeld A, Rohloff M, Höhm S, et al. Formation of laser-induced periodic surface structures on fused silica upon multiple parallel polarized double-femtosecond-laser-pulse irradiation sequences [J]. Applied Surface Science, 2012, 258(23):9233-9236.

[80] Hashida M, Nishii T, Miyasaka Y, et al. Orientation of periodic grating structures controlled by double-pulse irradiation[J]. Applied Physics A,2016,122 (4):484.

[81] Barmina E V, Stratakis E, Barberoglou M, et al. Laser-assisted nanostructuring of Tungsten in liquid environment[J]. Applied Surface Science, 2012, 258 (15):5898-5902.

[82] Pan A, Si J, Chen T, et al. Fabrication of two-dimensional periodic structures on silicon after scanning irradiation with femtosecond laser multi-beams[J]. Applied Surface Science,2016,368:443-448.

[83] Li X, Feng D H, Jia T Q, et al. Fabrication of a two-dimensional periodic microflower array by three interfered femtosecond laser pulses on Al:ZnO thin films [J]. New Journal of Physics,2010,12(4):43025.

[84] Cong J, Yang J J, Zhao B, et al. Fabricating subwavelength dot-matrix surface structures of Molybdenum by transient correlated actions of two-color femtosecond laser beams[J]. Optics Express,2015,23(4):5357-5367.

[85] Qin W W, Yang J J. Controlled assembly of high-order nanoarray metal struc-

tures on bulk copper surface by femtosecond laser pulses[J]. Surface Science, 2017,661:28-33.

[86] Emmony D C, Howson R P, Willis L J. Laser mirror damage in germanium at 10.6 μm[J]. Applied Physics Letters,1973,23(11):598-600.

[87] Bonse J, Rosenfeld A, Kruger J. On the role of surface plasmon polaritons in the formation of laser-induced periodic surface structures upon irradiation of silicon by femtosecond-laser pulses [J]. Journal of Applied Physics, 2009, 106 (10):104910.

[88] Garrelie F, Colombier J P, Pigeon F, et al. Evidence of surface plasmon resonance in ultrafast laser-induced ripples[J]. Optics Express,2011,19(10): 9035-9043.

[89] Huang M, Zhao F L, Cheng Y, et al. Mechanisms of ultrafast laser-induced deepsubwavelength gratings on graphite and diamond[J]. Physical Review B, 2009,79(12):125436.

[90] Anisimov S I, Kapeliovich B L, Perelman T L, Electron emission from metal surfaces exposed to ultrashort laserpulses[J]. Zh. Eksp. Teor. Fiz. ,1974,66 (2):375-377.

[91] Tom H W, Aumiller G D, Brito-Cruz C H. Time-resolved study of laser-induced disorder of Si surfaces[J]. Physical Review Letters,1988,60(14):1438.

[92] Siegal Y, Glezer E N, Huang L, et al. Laser-induced bandgap collapse in GaAs [J]. Oe/lase. International Society for Optics and Photonics,1994:6959-6970.

[93] Sokolowski-Tinten K, Bialkowski J, Cavalleri A, et al. Transient States of Matter during Short Pulse Laser Ablation[J]. Physical Review Letters,1998,81(1): 224-227.

[94] Siwick B J, Dwyer J R, Jordan R E, et al. An atomic-level view of melting using

femtosecond electron diffraction[J]. Science,2003,302(5649):1382.

[95] Thomsen C,Strait J,Vardeny Z,et al. Coherent phonon generation and detection by picosecond light pulses[J]. Physical Review Letters,1984,53(10):989-992.

[96] Puerto D,Siegel J,Gawelda W,et al. Dynamics of plasma formation,relaxation, and topography modification induced by femtosecond laser pulses in crystalline and amorphous dielectrics[J]. Journal of the Optical Society of America B, 2010,27(27):1065-1076.

[97] Höhm S,Herzlieb M,Rosenfeld A,et al. Dynamics of the formation of laser-induced periodic surface structures (LIPSS) upon femtosecond two-color double-pulse irradiation of metals,semiconductors,and dielectrics[J]. Applied Surface Science,2016,374:331-338.

[98] Maiman T H. Stimulated optical radiation in Ruby[J]. Nature,1960,187:493, 494.

[99] 张楠. 超短脉冲激光烧蚀固体材料的物理机制及在激光推进中的应用 [D]. 南开大学,2009.

[100] Spectra-Physics Inc. Tsunami brochure. Mountain View CA USA,Spectra-Physics, 2002.

[101] Strickland D,Mourou G. Compression of amplified chirped optical pulses[J]. Optics Communications,1985,55(6):447-449.

[102] Casady J B,Johnson R W. Status of silicon carbide (SiC) as a wide-bandgap semiconductor for high-temperature applications:A review[J]. Solid-State Electronics,1996,39(10):1409-1422.

[103] Katoh Y,Snead L L,Szlufarska I,et al. Radiation effects in SiC for nuclear structural applications[J]. Current Opinion in Solid State & Materials Sci-

ence,2012,16(3):143-152.

[104] Rottner K,Frischholz M,Myrtveit T,et al. SiC power devices for high voltage applications[J]. Materials Science & Engineering B,1999,s 61-62(98): 330-338.

[105] Madelung O. Semieonduerors:Group Ⅳ elements and Ⅲ-Ⅴ com pounds,Berlin:Springer,1991:47-57.

[106] 吴晓君,贾天卿,赵福利,等.飞秒激光在6H SiC晶体表面制备纳米微结构[J].光学学报,2007,27(1):105-110.

[107] Rudolph P,Kautek W. Composition influence of non-oxidic ceramics on self-assembled nanostructures due to fs-laser irradiation[J]. Thin Solid Films, 2004,453-454(2):537-541.

[108] Yasumaru N,Miyazaki K,Kiuchi J,et al. Femtosecond-laser-induced nano-structures formed on hard coatings of TiN and DLC[J]. Applied Physics A, 2003,76(6):983-985.

[109] Dong Y,Molian P. Femtosecond pulsed laser ablation of 3C SiC thin film on silicon[J]. Applied Physics A,2003,77(6):839-846.

[110] 闵大勇,王雪辉,东芳,等.超快激光精密打孔设备及其实现方法[J].应用激光,2016,36(5):590-594.

[111] 李召华,张保元,王春净.激光切割的影响因素[J].金属世界,2019(2):21-23.

[112] 刘勇,任香会,常云龙,等.金属增材制造技术的研究现状[J].热加工工艺,2018,47(19):15-24.

[113] Young J F,Preston J S,Van Driel H M,et al. Laser-induced periodic surface structure. II. Experiments on Ge,Si,Al,and brass[J]. Physical Review B, 1983,27(2):1155-1172.

[114] Borowiec A, Haugen H K. Subwavelength ripple formation on the surfaces of compound semiconductors irradiated with femtosecond laser pulses[J]. Applied Physics Letters,2003,82(25):4462-4464.

[115] Hsu E M, Crawford T H R, Tiedje H F, et al. Periodic surface structures on gallium phosphide after irradiation with 150 fs-7 ns laser pulses at 800 nm [J]. Applied Physics Letters,2007,91:111102.

[116] Young J F, Preston J S, Van Driel H M, et al. Laser-induced periodic surface structure. II. Experiments on Ge, Si, Al, and brass[J]. Physical Review B, 1983,27(2):1155.

[117] Han W, Jiang L, Li X, et al. Continuous modulations of femtosecond laser-induced periodic surface structures and scanned line-widths on silicon by polarization changes[J]. Opt. Express,2013,21(13):15505-15513.

[118] Barnes W L, Dereux A, Ebbesen T W. Surface plasmon subwavelength optics [J]. Nature,2003,424(6950):824-830.

[119] Raether H. Surface plasmons on smooth and rough surfaces and on gratings [J]. Springer Tracts in Modern Physics,1988,111.

[120] 赵凯华,钟锡华. 光学(上册)[M]. 第一版. 北京:北京大学出版社,1984: 16-322.

[121] Höhm S, Rosenfeld A, Krüger J, et al. Femtosecond diffraction dynamics of laser-induced periodic surface structures on fused silica[J]. Applied. Physics Letters,2013,102(5):54102.

[122] Chen J, Chen W K, Tang J, et al. Time-resolved structural dynamics of thin metal films heated with femtosecond optical pulses[J]. Proceedings of the National Academy of Sciences of the United States of America,2011,108(47): 18887-92.

[123] Höhm S,Rosenfeld A,Krüger J,et al. Area dependence of femtosecond laser-induced periodic surface structures for varying band gap materials after double pulse excitation[J]. Applied Surface Science,2013,278:7-12.

[124] Derrien T J.-Y,Krüger J,Itina T E,et al. Rippled area formed by surface plasmon polaritons upon femtosecond laser double-pulse irradiation of silicon: the role of carrier generation and relaxation processes[J]. Applied Physics A, 2014,117:77-81.

[125] Zhao B,Yang J,Zhu X,et al. Surface dynamics of warm dense copper metal captured in femtosecond laser-induced deflecting ripple structures[J]. (to be published in New Journal of Physics).

[126] Mazumder M,Borcatasciuc T,Teehan S C,et al. Temperature dependent thermal conductivity of Si/SiC amorphous multilayer films[J]. Applied Physics Letters,2010,96(9):280.

[127] He W,Yang J. Probing ultrafast nonequilibrium dynamics in single-crystal SiC through surface nanostructures induced by femtosecond laser pulses[J]. Journal of Applied Physics,2017,121(12):123108.

[128] Ruppin R,Validity range of the Maxwell-Garnett theory,Physica Status Solidi,1978,87:619-624.

[129] Vorobyev A Y,Makin V S,Guo C. Periodic ordering of random surface nanostructures induced by femtosecond laser pulses on metals[J]. Journal of Applied Physics,2007,101:34903.

[130] Garrelie F,Colombier J P,Pigeon F,et al. Evidence of surface plasmon resonance in ultrafast laser-induced ripples[J]. Opt. Express 2011,19:9035-9043.

[131] Bonse J,Krüger J. Pulse number dependence of laser-induced periodic surface structures for femtosecond laser irradiation of silicon,Journal of Applied Phys-

ics,2010,108:034903.

[132]　Ma Y,Khuat V,Pan A. A simple method for well-defined and clean all-SiC nano-ripples in ambient air[J]. Optics and Lasers in Engineering,2016,82: 141-147.

[133]　Obara G,Shimizu H,Enami T,et al. Growth of high spatial frequency periodic ripple structures on SiC crystal surfaces irradiated with successive femtosecond laser pulses[J]. Optics Express,2013 21(22):26323-26334.

[134]　Tomita T,Kinoshita K,Matsuo S,et al. Effect of surface roughening on femtosecond laser-induced ripple structures[J]. Applied Physics Letters,2007,90: 153115.

[135]　Yamaguchi M,Ueno S,Kumai R,et al. Raman spectroscopic study of femtosecond laser-induced phase transformation associated with ripple formation on single-crystal SiC[J]. Applied Physics A 2010,99:23-27.

[136]　Khuat V,Si J,Chen T,et al. Deep-subwavelength nanohole arrays embedded in nanoripples fabricated by femtosecond laser irradiation[J]. Optics Letters, 2015,40(2):209-212.

[137]　Tang Y,Yang J J,Zhao B,et al. Control of periodic ripples growth on metals by femtosecond laser ellipticity[J]. Optics Express, 2012, 20(23):25826- 25833.

[138]　Hashida M,Nishii T,Miyasaka Y,et al. Orientation of periodic grating structures controlled by double-pulse irradiation[J]. Applied Physics A 2016,122 (4):1-5.

[139]　Obara G,Shimizu H,Enami T,et al. Growth of high spatial frequency periodic ripple structures on SiC crystal surfaces irradiated with successive femtosecond laser pulses[J]. Optics Express,2013 21(22):26323-26334.

[140] Elston S J, Bryan-Brown G P, Sambles J R. Polarization conversion from dif-
fraction gratings[J]. Physical Review B,1991,44(12):6393-6400.

[141] Garcia-Vidal F J, MartÍn-Moreno L, Pendry J B. Surfaces with holes in them:
new plasmonic metamaterials[J]. Journal of Optics A-Pure and Applied Op-
tics,2005,7(2):S97-S101.

[142] Chen J, Chen W, Tang J, et al. Time-resolved structural dynamics of thin met-
al films heated with femtosecond optical pulses[J]. Pans,2011,108(47):
18887-18892.

[143] Das S K, Messaoudi H, Debroy A, et al. Multiphoton excitation of surface plas-
mon-polaritons and scaling of nanoripple formation in large bandgap materials
[J]. Optical Materials Express,2013,3(10):1705-1715.

[144] He W, Yang J, Guo C. Controlling periodic ripple microstructure formation on
4H-SiC crystal with three time-delayed femtosecond laser beams of different
linear polarizations[J]. Optics Express,2017,25(5):5156.

[145] Nakashima S, Harima H. Raman investigation of SiC polytypes[J]. Physica
Status Solidi,2015,162(1):39-64.